地球
生命笔记

DIQIU SHENGMING BIJI
SHENGTAI XITONG DE AOMI

生态系统的奥秘

地球
生命笔记

DIQIU SHENGMING BIJI
SHENGTAI XITONG DE AOMI

生态系统的奥秘

［美］瑞秋·伊格诺托夫斯基 著

栗河冰 译

接力出版社
Publishing House

目 录

引言

当你读到这一页时，一只美洲豹正在亚马孙热带雨林中狩猎，一片珊瑚礁中无数生命正在繁衍生息，一位邮递员正骑着自行车在城市的街头飞驰。这些事件看起来好像毫不相关，但事实上，这些生物的共同点比你想象的要多。

首先，植物、动物和人类都生活在地球这颗行星上，一同在太空中旋转着，只受到一层稀薄的大气层的保护。其次，地球上的生物都是由原子组成的。最后，所有的生物——无论多微小或多庞大，不管是利用阳光制造糖类的植物，还是把三明治当作食物的人类，都在利用食物建构自己的身体，并从食物中获得能量。每一个生物的生存都需要地球上有限的资源，也需要地球上的其他生物。要了解包括我们在内的地球上所有生物之间的联系究竟有多紧密，我们就需要了解地球上的生态系统。

确切地说，地球上的生命是如何生生不息的是一个复杂的问题，因为对于人类来说这个世界是如此之大。如果理解一片森林的复杂运行规律像照料家中的盆栽那样简单会怎样？如果我们的整个星球就像瓶子里的模型或者桌子上的地球仪一样容易理解又会怎样？如果这样，那么你将看到风带着营养丰富的灰尘从撒哈拉沙漠吹过大西洋，使亚马孙河流域热带雨林中的土壤变得肥沃；而亚马孙河流域的树木会向空气中释放大量的氧气；这些氧气混合在大气中，供世界各地的动物和人类呼吸。这些过程会无休止地持续下去。在这本书中，我们将更细致地观察生态系统是如何工作的，以及自然界中的万物是如何相互配合来维持地球上生命的延续的。

在观察地球的时候，你也会审视人类。纵观人类历史，我们以或好或坏的方式改变了地球上的自然景观。你会看到人们细心照料他们居住的土地，比如苏格兰荒原上的牧羊人挖掘沟渠以保持沼泽的含水量。你会看到人们在进行工程建设时考虑野生动物的生存需要：在肯尼亚，人们在高速公路下建造地下通道，以便大象能够继续它们每年穿越草原的迁徙活动。你还会看到科学家、政府和社区共同建立了自然保护区。然而，你也会看到人类如何以损害自然世界的方式利用土地。

人类面临最大的挑战是学会负责任地使用地球资源。随着生活在地球上的人越来越多，空间变得越来越有限。农场需要扩大，城市需要持续发展。但是，地球上不可替代的生态系统为我们提供着自然收益，在开发建设的同时，我们不能再继续对其进行破坏了。不负责任的土地管理和对资源的过度使用导致了环境污染、气候变化，以及对重要的生态系统的破坏，这反过来又使得人类，以及地球上的所有其他生命更加难以繁衍兴盛。

保护地球的第一步是多了解它。有了对自然世界的真正理解，我们就可以在不破坏地球的前提下获取我们想要的东西；可以一起找到新的耕种及获取能量的方式和发明新材料；同时，可以通过解决贫穷问题，创造更好的耕种和生产建设方式，为地球上的所有人提供适合他们的保护地球的方法。

地球是我们唯一的家园。它是如此珍贵，而保护地球的力量来自我们每个人。你可以说，世界的未来真正掌握在你的手中。

生态系统的层级结构

你可以把地球当作一个整体来研究，也可以只研究单个有机体的习性。因为生态系统是分层级的，所以大到整个星球，小到单个的有机体，都有对应的生态系统层级。最大的层级是生物圈，包含地球上所有已经发现生命的地方。从个体到生物圈逐级扩大，我们可以依次观察生态系统中由小到大的不同部分。生态层级就像俄罗斯套娃，每个层级都被包含在一个更大的层级里。

个体

我生活的地方是我的栖息地，我经常或重复做的事是我的习性。

相对于集体、群体、整体而言，指单个的人、生物或其他不可再分的实体。

种群

团队目标：找到橡子。

同种生物在特定环境空间内和特定时间内的所有个体的集群。

生物群落

生活在一个特定区域或自然生境中所有种群的集合。

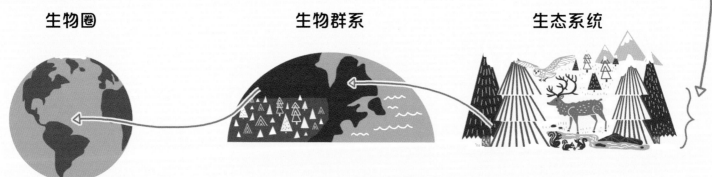

生物圈

地表生命有机体及其生存环境的总称。

生物群系

以占优势的或主要植被类型和气候类型所确定的地理区域。

生态系统

生物群落及其物理环境相互作用的自然系统。

生物群系

划分生物群系只是一种对地球上的区域进行大致分类和描述的方式。每个生物群系的分类都是由它具有的特定的气候（温度、降水），以及在那种气候中演化、繁衍的生物决定的。生物群系有两种主要类型：陆生生物群系和水生生物群系。生态学家进一步将这两种类型划分成更细致的类别。

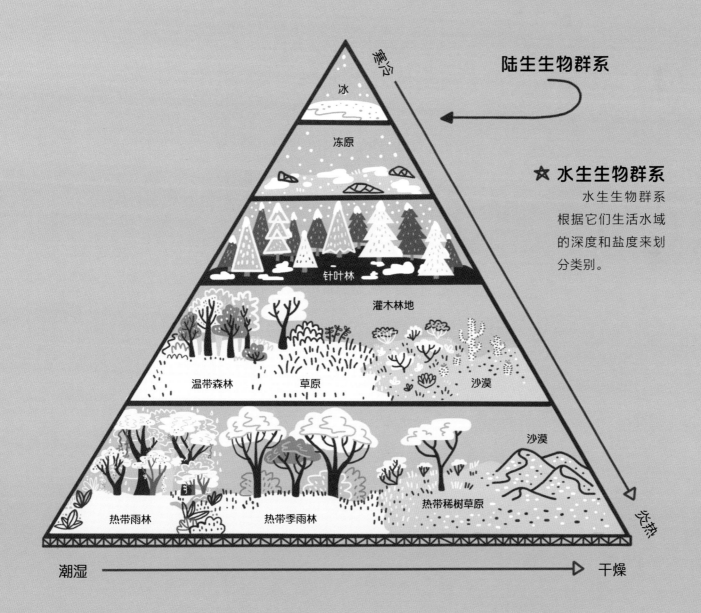

陆生生物群系

寒冷

冰

冻原

针叶林

灌木林地

温带森林　　草原　　沙漠

热带雨林　　热带季雨林　　热带稀树草原　　沙漠

炎热

潮湿 ⟶ 干燥

★ **水生生物群系**

水生生物群系根据它们生活水域的深度和盐度来划分类别。

3

营养级

一个有机体在食物网中的位置，反映了一个有机体与食物网中能量的最终来源（太阳）在层级上的关系。在一个食物网中，营养级通常从生产者开始，到顶级消费者结束。

谁吃什么

生产者利用来自太阳的能量，自己制造"食物"。植食动物吃植物，而肉食动物吃其他动物。此外，杂食动物既吃植物，也吃动物。分解者"吃"动植物残体、排泄物。

食物网

食物网就像一张表示生态系统中能量流动的地图，从中我们可以看出谁吃什么，谁从哪里得到能量。箭头指向的生物正在享受美味的大餐，这也是能量流动的方向。

生命所需要的几乎所有能量都来自太阳。※

※ 一些微生物从海底的热液喷口获取能量。

生产者

初级消费者

顶级消费者

天气

气候

非生物

生产者
植物

分解者

三级消费者

水

岩石

土壤

初级
消费者

次级
消费者

什么是生态系统?

即使是一只孤狼，也不是"孤独的"。地球上的每一个有机体都依赖其他生物才能生存。通过对生态系统的研究，我们开始了解我们是如何依赖自然世界的。生态系统有大有小，从一片大森林到一个小水坑，通过对生态系统的研究，我们开始了解某个地方的生物是如何相互影响的（谁吃什么？谁与谁竞争？竞争的是什么资源？）。我们也能理解这些生物如何与它们生活环境中的非生物部分（如土壤、温度、空气和水）相互作用。

野生生物与环境的相互作用对我们意义重大。大大小小的生态系统为人类提供了可呼吸的空气、淡水、肥沃的土壤，保护人类免受自然灾害的侵害。当然，还有食物。通过了解生态系统，我们能够看到来自太阳的能量如何流经食物网，以及包含出生、死亡、腐烂等过程的循环如何让营养物质得到重新利用。只有当我们的生态系统保持完整时，自然界才能维持地球上生命的存续，这可是一项相当艰巨的工作。

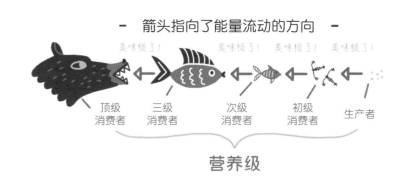

— 箭头指向了能量流动的方向 —

美味级了！　　　美味级了！　美味级了！　美味级了！

顶级　　　三级　　　次级　　　初级　　　生产者
消费者　　消费者　　消费者　　消费者

营养级

能量的流动

物质构成我们的身体和其他的一切，它在生态系统中循环、转化并不断地被重新利用。能量则以不同的形式发挥作用。新的太阳能不断地流入我们星球上的生态系统，然后以热能的形式被消耗。生命所需的几乎所有能量最初都来自太阳。植物和藻类（也被称为生产者）通过光合作用，利用阳光合成糖类。糖类能够储存化学能。在细胞工作的复杂过程中，能量以热能的形式被释放和消耗。植物储存的这些最初来自阳光的能量，约有90%被消耗掉（用来维持生存），只有约10%的能量储存在糖类中。当一种植物被吃掉时，这些储存在糖类中的能量就通过食物网，开始了自己的旅程。

生产者处于食物链的底端，储存的能量最多。随着生物在食物网中位置的上升——从生产者到初级消费者、次级消费者等，越来越多的原始能量在传递中被消耗，而传递下去的来自太阳的能量占比则越来越少。这意味着，处于食物网顶端的顶级消费者需要比初级消费者消耗更多的生产者才能获得同样多的能量。

要养活我，需要一吨的松鼠，而要养活这些松鼠则需要很多很多的植物才行！

10%的能量传递到下一个营养级。
（100千卡）

10%的能量传递到下一个营养级。
（1000千卡）

生产者接受的能量
（10000千卡）

太阳能

90%的能量被使用和释放。

90%的能量被使用和释放。

当能量通过生态系统流动时，
各营养级生物可获得的能量减少了

生物的分类

系统分类帮助科学家们识别和分类不同的物种。科学家们将地球上已经发现的每一种生物都进行了分类，这让我们看到地球上的生命是如何演化的，以及不同的物种有什么共同点。

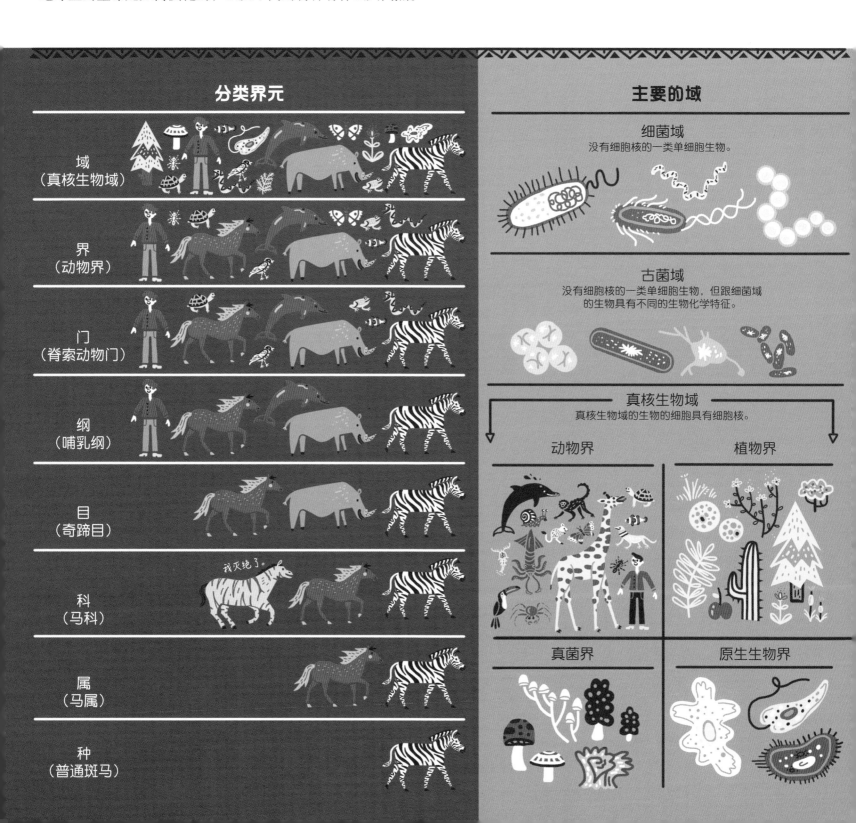

分类界元

域
（真核生物域）

界
（动物界）

门
（脊索动物门）

纲
（哺乳纲）

目
（奇蹄目）

科
（马科）

我灭绝了。

属
（马属）

种
（普通斑马）

主要的域

细菌域
没有细胞核的一类单细胞生物。

古菌域
没有细胞核的一类单细胞生物，但跟细菌域的生物具有不同的生物化学特征。

真核生物域
真核生物域的生物的细胞具有细胞核。

动物界

植物界

真菌界

原生生物界

生物如何
相互作用

你可能在纪录片中看到过狮子追逐斑马的场面，这只是动物之间相互作用的方式之一。争夺食物和资源、寻找家园并繁殖是所有生物优先要做的事。为此，动物、细菌、植物等已经演化出许多不同的方式来相互作用，以维持生存。这些相互作用有助于维持平衡和健康的生态系统。

捕食
吃其他的生物物种。

寄生
一种生物生活于另一种生物的体内或体表，并在代谢上依赖于后者以维持生命活动的现象。

互利共生
两个物种都从彼此身上获得好处。

共栖
一个物种获益，另一个不受影响。

种间竞争
不同物种间竞争相同的资源。

资源分配
两个物种通过演化出不同的生态位或不同的行为来间接竞争相同的资源。

种内竞争
同一物种竞争相同的资源。

是什么创造了
健康的生态系统？

洪水、龙卷风、火灾、疾病……任何生态系统中的动植物都面临着许多挑战。一个健康和完整的生态系统是有适应能力的，可以从可怕的自然灾害、变化和挑战中恢复过来。

生物多样性

生物多样性是维持一个强大、健康的生态系统最重要的因素。当生态系统具有生物多样性时，野生生物将有更多的机会获得食物和庇护所。生物多样性还意味着更复杂的食物网，以及物质循环、分解的更多"路径"，还为新植物的生长创造了表层土壤。

不同物种对环境变化的反应也不同。例如，想象一下，如果一片森林中只有一种植物，这是整个森林食物网的唯一食物来源和栖息地。现在，干旱季节突然来临，这种植物死了，那以这种植物为食的动物就完全失去了食物来源，最终灭绝，捕食它们的肉食动物也会有相同的遭遇。但是，当生态系统具有生物多样性时，环境突然变化的影响就并不那么显著了。

自然界的变化、干扰，甚至灾难都是不可避免的。一些干扰将深刻地影响生态系统，并可能损害或杀死某些种类的微生物、植物或动物。但是，一个生物多样性丰富的生态系统中将有许多其他物种能够存活下来，从而使整个生态系统能够恢复原状。

生态位

生物在生态系统的物理空间中所占的位置是生态位。通俗来说，就是如果两个不同的物种具有相同的生态位，那么它们就处于直接竞争中。和其他任何竞争一样，只有一个物种可以占据主导地位，如果失败的那一方不改变或适应，就会灭绝。

关键种

整个生态系统所依赖的植物、动物、细菌或真菌是关键种。如果关键种数量减少或受到损害，可能导致整个生态系统的终结。识别和保护这些关键种非常重要。

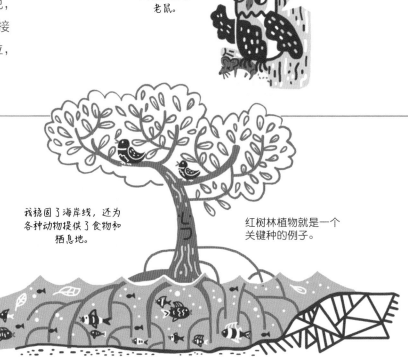

物种均匀度

如果森林里的狼比兔子多，会发生什么？在下一代兔子出生之前，狼会吃掉所有的兔子。捕食者和猎物之间的物种均匀度防止了这种情况的发生。如果食物链上任何营养级更高的生物数量超过了它的食物来源，那么整个食物物种就可能灭绝。通过调查种群数量，生态学家可以评估生态系统是否平衡和完整。

同营养级的动物也需要物种间的均匀度。如果生态系统中有太多的兔子，那么可能就没有足够的草来维持其他初级消费者的存活。此外，如果一种疾病（如兔热病）暴发，而在一个营养级中只有一个物种（本例中为兔子），那么所有营养级更高的食肉动物也将灭绝，因为它们没有其他食物来源。

了解物种种群，人们可以以实际上有益于生态系统的方式向自然界索取。维持物种均匀度是维持生物多样性的关键。

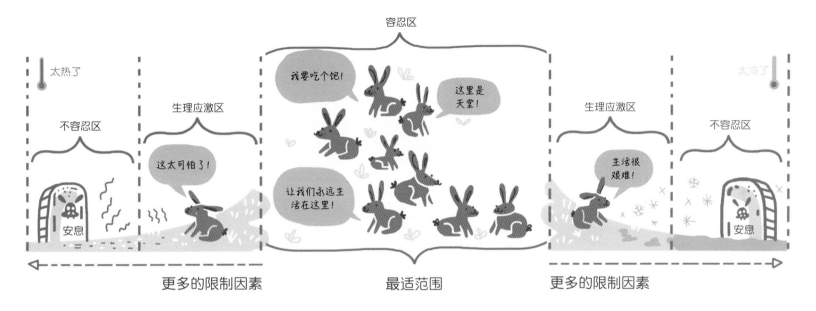

如果一个生态系统中有太多的限制因素，如捕食者过多、资源缺乏、天气恶劣或疾病流行，那么一个种群可能会完全灭绝。如果没有足够的限制因素，那么一个种群会因为种群数量激增而失去控制，这可能导致一个物种将生态系统中的所有其他生物挤垮，直到生态系统中的生物多样性被破坏，资源被过度使用，甚至消耗殆尽。

生态系统的边缘

生态系统的边缘与核心部分同样重要。相邻两类环境或两类生态系统交错的区域叫作"生态过渡带"。

你可能见过森林与草原相接，或是河岸将河水与陆地分开形成的生态过渡带。生态过渡带保护陆地免受侵蚀，保护生态系统的核心部分免受外来物种入侵，并为某些动物提供独特的资源。通常，在动物幼体完全成熟并进入它们的主要栖息地之前，生态过渡带是动物幼体隐藏、成长发育和保护自己的绝佳场所。

一些动物和植物已经演化出只在生态过渡带，或在非常靠近生态过渡带的地方生活的习性。它们被称为"边缘物种"。其他只能生活在核心区域的物种把生态系统的边缘作为它们栖息地的边界。所有的生态系统核心区域都被某种生态过渡带或边缘区域所包围。若人们在一个区域修建道路和建筑物而不考虑这里可能是生态系统的关键边缘区域，就可能会使生态系统核心部分萎缩并受到破坏。

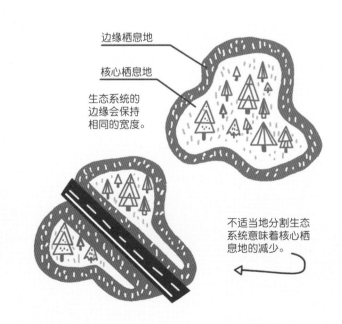

边缘栖息地

核心栖息地

生态系统的边缘会保持相同的宽度。

不适当地分割生态系统意味着核心栖息地的减少。

自然演替

自从地球上出现生命以来，发生过许多改变。从恐龙大灭绝到大规模城市的出现，即使是极为剧烈的变化，生命也能找到适应的方法。原生演替是在没有植物生长的地上出现群落演替的过程，次生演替是在原生植被已经被破坏的次生裸地上发生的演替过程。

微小的自然干扰有时可以创造出更强大的生态系统。例如，一场中小规模的野火会毁掉一部分森林，焚烧区将创造出适于其他小型植物的新的小气候。新的野草、野花和灌木将在这里生长，产生新的栖息地类型。这使整个森林有了更丰富的生物多样性（各种野生生物的种类变得更多），整个生态系统的韧性更强。有些生态系统甚至已经演化出依赖这些中间干扰，如野火、洪水或季节性霜冻，才能进行演替的生态学特征。

无论大小，干扰对所有生态系统都是不可避免的。生命总是可以从干扰中恢复过来——唯一的区别是恢复需要多长时间。干扰越大，生命恢复所需的时间就越长。有时，可能需要数百万年。

不断增长的人口对我们这个星球来说不是什么好消息，因为人类不断增加的污染和城市的扩张正在改变地球，这导致了动植物物种的快速灭绝。一些科学家认为，人类对地球的改造将引发大灭绝级别的事件。我们与野生生物共享这个星球，随着人类的继续发展，我们需要意识到对其他物种所造成的干扰。

原生演替

先锋物种在没有生命的地方繁衍生息，并将土壤或水转化成能够支持生命在此存活的状态。

—— 荒原 ——

火山爆发、陨石撞击，或者土地被覆盖物覆盖，如铺路。在死气沉沉的荒原，生命可能迅速回归，也可能需要数百年到数百万年的时间。

—— 先锋物种 ——

天气，比如降水使土地逐渐恢复正常。风带来丰富的细菌和微小的植物，以及来自像地衣、苔藓和藻类等生物的孢子。它们在这里生长、死亡。随着时间的推移，土壤开始形成。

—— 肥沃的土壤 ——

随着时间流逝，贫瘠的岩石被分解。这些先锋物种的生命循环使得肥沃的土壤开始形成，一些微小的植物开始生长。

次生演替

发生在原有植被不存在，但原有土壤条件基本保留，或是土壤受损不严重，
还保留了一些种子和植物的地方。

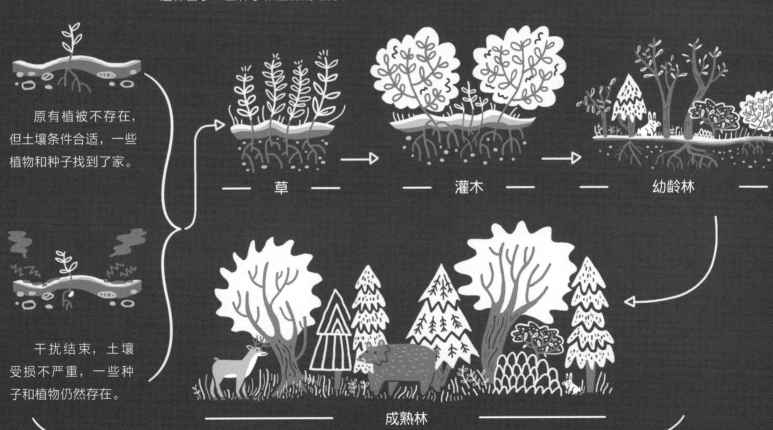

原有植被不存在，但土壤条件合适，一些植物和种子找到了家。

草

灌木

幼龄林

干扰结束，土壤受损不严重，一些种子和植物仍然存在。

成熟林

森林次生演替的例子

微生态系统

在这里，通过放大和缩小来观察大大小小的生态系统，我们可以更好地了解自然界是如何运转的。

大型生态系统通常由许多较小的群落和生态系统组成，这些群落和生态系统有时甚至有自己的小气候。它们可能与所属的更大生态系统中的生命之间存在相互作用。例如，池塘本身是一个较封闭的小型生态系统，但它也为大森林中的动物提供饮用水和食物。小型生态系统可以通过产生更多的资源和更丰富的生物多样性使更大的生态系统变得更加稳定。下面是两个微生态系统的例子。

一根腐朽的原木

木蠹蛾
地衣
木蠹蛾的幼虫
原木
绒啄木鸟
白蚁
平菇
蜈蚣
干腐菌
木蚁
树液
蚜虫
蜜露
细菌

蚊子

蜻蜓

香蒲

野鸭

睡莲

苍蝇

生产者

藻类和浮游植物

蛙卵

蝌蚪

蛙

蝾螈

浮游动物

椎实螺

米诺鱼

水池草

龙虱

水蛭

微观生态系统

　　科学家估计地球上有超过一万亿种微生物。观察显微镜下的一滴水，你就会看到一个充满生机的世界。我们的周围，微生物无处不在——在我们的皮肤上、食物上、鞋子的污垢上，还在我们呼吸的空气中。但是，不要觉得恶心，我们需要微生物的地方比它们需要我们的地方更多。从制造我们呼吸的空气到我们吃的食物，这些微小的生物维持着地球上所有生命的存续。

　　被称为浮游植物的微小植物是海洋食物网的基础——海洋中的所有生物都依赖它们。同时，海洋中的植物产生了地球上超过一半的氧气（其余的来自陆地植物）。不仅如此，微生物也是重要的分解者，能把死去的动植物变成肥沃的土壤。新的植物可以在这种新生成的土壤中生长，从而维持人类和其他动物的生命。微生物，特别是细菌，是全球生态系统中碳、氮、磷等重要营养物循环的关键。

　　细菌和其他微生物通常是第一种可以在不适宜生物生存的地区定居的生命类型，它们把贫瘠的荒原变成植物繁茂的生态系统，支持更多的生命在此生存。生态学家可以利用微生物生态学的知识，帮助那些看似贫瘠的土地恢复生机。没有这些微生物，地球上将没有生命。

—— 一滴水 ——

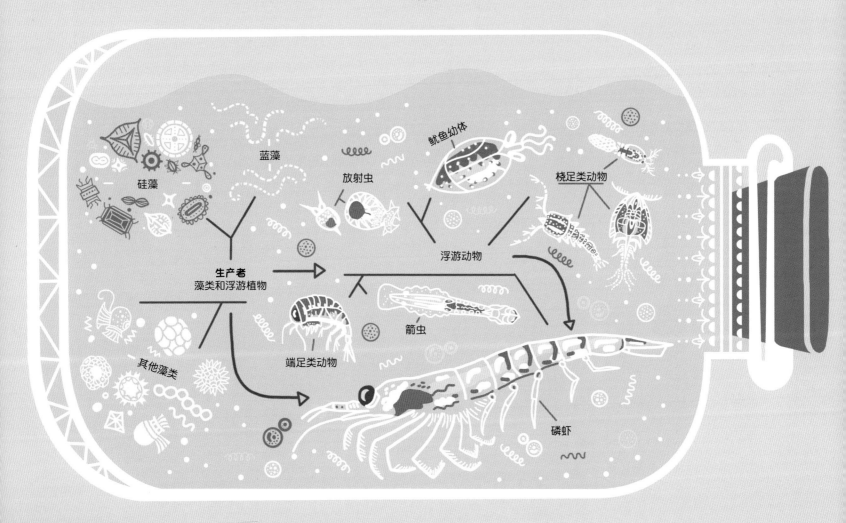

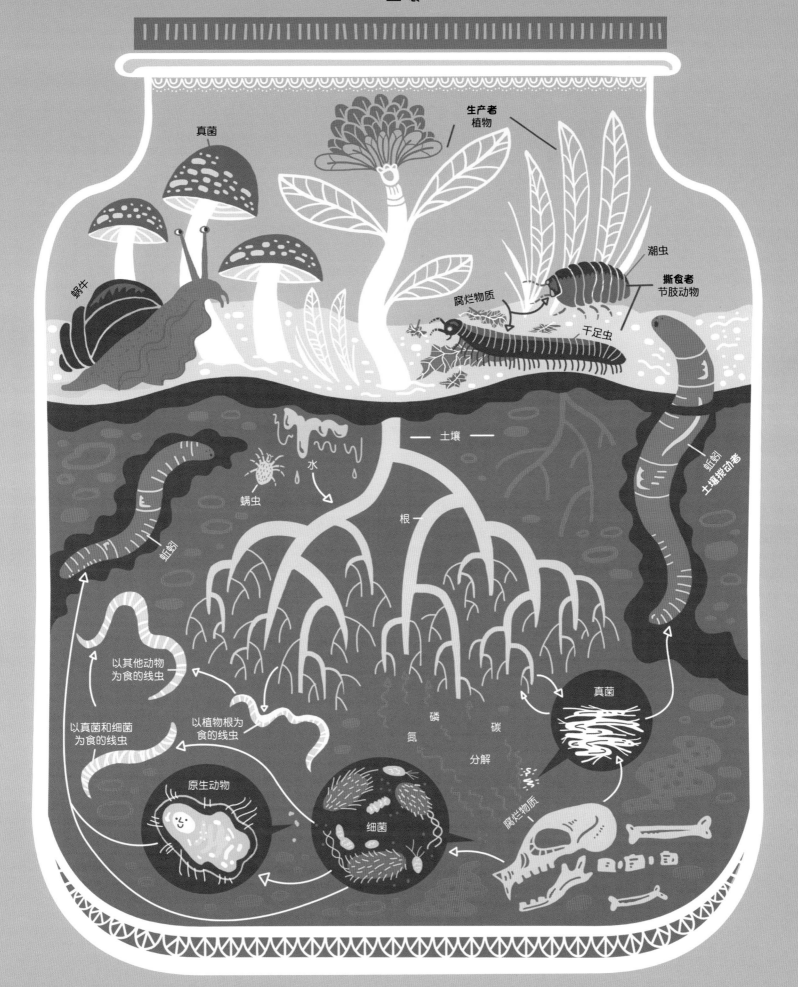

真菌

蜗牛

生产者
植物

潮虫

撕食者
节肢动物

腐烂物质

千足虫

土壤

水

螨虫

蚯蚓

蚯蚓
土壤搅动者

根

以其他动物
为食的线虫

以真菌和细菌
为食的线虫

以植物根为
食的线虫

磷

氮

碳

分解

真菌

腐烂物质

原生动物

细菌

灰鲸每年从墨西哥温暖的环礁湖迁徙到北极圈。

格陵兰（丹）

美国

苏必利尔湖是世界上面积最大的淡水湖。

加拿大

美国

图例

□ 水
■ 湿地
□ 冰
■ 冻原
■ 针叶林
■ 热带雨林
■ 温带森林
□ 草原
■ 灌木林地
■ 沙漠
▲ 山脉

阿拉斯加山脉

乌鲁兹山脉

海岸山脉

内华达山脉

落基山脉

阿巴拉契亚山脉

墨西哥

马德雷山脉

圣基茨和尼维斯

安提瓜和巴布达

巴哈马

多米尼加

古巴

波多黎各（美）

牙买加

海地

圣卢西亚

圣文森特和格林纳丁斯

特立尼达和多巴哥

伯利兹

洪都拉斯

危地马拉

尼加拉瓜

萨尔瓦多

巴拿马

哥斯达黎加

"奇南帕"是阿兹特克人一种可持续的耕作方法，墨西哥部分地区至今仍在使用。

北美洲

北美洲从冰天雪地的格陵兰延伸到温暖葱翠的巴拿马。这片大陆曾被称为"新大陆"，它的历史和遗产是人类历史进程的重要组成部分。

第一批生活在北美洲的人类是 10000—20000 年前的亚洲人。许多考古学家已经发现证据可以证明，一个大的游牧部落曾徒步穿越连接西伯利亚地区和北美洲的古老陆桥（现在已经不存在了）。千百年来，人们从北极圈附近地区迁徙、扩展到南美洲，沿途形成了许多不同的国家、文化和部落。这些曾经为数众多的原住民社群有少数今天仍然存在。

16 世纪，以葡萄牙和西班牙为首，欧洲掀起了一股探索美洲大陆的浪潮。欧洲人来到北美洲并将这里变成殖民地。伴随这些人类入侵者而来的是新的细菌、动物和植物，它们改变甚至破坏了这里的一些生态系统。一些留存下来的北美洲原住民社群至今仍受到当年欧洲人殖民活动带来的负面影响的困扰。

"新大陆"为欧洲人的殖民活动提供了机会，他们可以远离"旧世界"严格的等级制度。随之而来的不仅是物种入侵，还有土地的农业生产类型的急剧变化。从 18 世纪到现在，一拨又一拨的移民来到北美洲寻找机会，同时从他们的老家带来了各种动植物。虽然引入新的野生生物会对生态系统造成极大的伤害和干扰，但有时引入新的物种也是不可避免的。比如，马和小麦是从欧洲和亚洲运到美洲大陆的。它们被用于运输和农业生产，并成为北美洲许多地区自然景观、文化和经济中不可或缺的一部分。现在，北美洲仍然是来自世界各地的新移民的家园，并且已经成为一个绚丽多彩的文化大熔炉。

红杉林生态系统

在世界上树木高度最高的森林里，一株株像摩天大楼那么高的树沐浴在海洋附近的浓雾之中。红杉林中的北美红杉可以长到91米高，活2000多年。它们是生活在1.6亿年前侏罗纪时期的一些树木的亲戚。

红杉是地球上适应性最强的生物之一，能够抵御洪水和火灾的侵袭。红杉树干含有大量的水分，因此被烧后还能存活。其实，火烧也是有意义的，适度的火可以帮助冷杉、云杉和异叶铁杉等其他种类的树木竞争并茁壮成长。在红杉林中，小火有助于维持生物多样性，但一定要注意防止引发灾难性大火。

尽管红杉具有很强的适应能力，但它们只能在非常特殊的寒冷潮湿的环境中生存。北美红杉生长在北美洲太平洋海岸的一条狭长地带，在那里海洋会形成降水和雾气。大量的雨水引发洪水，使土壤失去养分。在森林中的地面上，昆虫和分解者，比如真菌和苔藓，通过分解烧毁的树木和死去的动植物遗体，使土壤恢复活力。通过分解者的分解活动，这个生态系统努力创造着新的表层土壤。美国国家公园系统则对红杉林生态系统进行谨慎的消防管理和保护，让游客能够继续参观和体验这些古老的森林。

最大的好处

世界各地的密林都能吸收大气中的含碳气体并产生氧气，其中红杉林吸收含碳气体的速度非常惊人。大型的北美红杉生长迅速，树干中的碳含量是大多数其他种类树木的三倍。随着汽车和工厂排放出的二氧化碳的增加，如今，保护红杉变得比以往任何时候都重要。

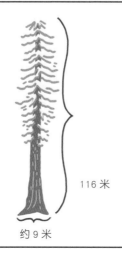

116米

约9米

一棵红杉以每年超过0.14立方米的速度增大自己的体积。红杉是铅笔杆的重要原材料。

红杉靠近根部的位置长有树瘤，里面藏满了种子。当树的主干受损时，这些休眠的种子便开始萌发，并长成新的红杉。

在19世纪末和20世纪初，一些北美红杉和巨杉被挖成隧道，以便游客可以驾车穿过它们！有一些"隧道树"还活着，但是挖穿红杉通常会导致它最终死亡。

在分布有红杉林的海岸海域，你可以看到海豹、海狮、海豚和鲸。

夏威夷地区的原住民会用来自加利福尼亚海岸的红杉木制作一种30多米长的独木舟。

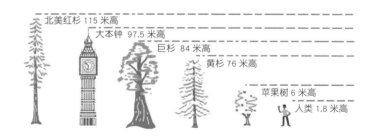

北美红杉 115米高
大本钟 97.5米高
巨杉 84米高
黄杉 76米高
苹果树 6米高
人类 1.8米高

最大的威胁

尽管大部分红杉林受到保护，但它们仍受到不合理的采伐和城市发展的威胁。边缘生态系统起着分水岭的作用，保护森林免受极端洪水的侵袭。当树木被砍伐，周围的生态系统受到干扰时，会损害整个森林。生态学家正在努力恢复受影响的红杉林，同时不对自然过程，如有益的小范围野火，进行过多干涉。

北部大平原生态系统

美国中部的大平原看起来是一片宁静而平坦的广阔草原，但它实际上是一个充满生机的荒野。蛇、囊地鼠和昆虫在灌木丛中相互缠斗，鸟儿则在大平原上空翱翔。当地的野草是这个拥有世界上营养最丰富土壤的生态系统的基础。这片大平原曾经养育了大量的野牛和马鹿，还有大量可以与非洲稀树草原（参见后文）上的动物相媲美的野生动物，但是在过去的200年里，这里发生了很大的变化。

随着19世纪人口的增长，人们开始越来越频繁地利用这片肥沃的大平原进行耕作、放牧和狩猎。丰富的资源往往伴随着对资源的过度利用和破坏。不合理的耕作方式加上干旱引发了20世纪30年代的毁灭性沙尘暴。当这场长达十年的干旱结束时，需要采取严格的干预措施才能使大平原上的土壤恢复原状。大平原的大部分地区今天仍然用于农业生产。天然草地的自然生命周期创造了肥沃的土壤，长长的草根留存水分，以防止干旱。当农民们开始对当地的草原进行保护时，他们可以利用这些自然优势来防止沙尘暴的再次发生。

最大的好处

大平原原生草的长根可以吸收多达200毫米的降水量。因此，它们能在雨季防止洪水发生。在旱季，这些根中储存的水还能保持土壤湿润。草原野生动植物的生命循环创造了天然的营养丰富的土壤，非常适合种植作物和放牧家畜。当农民把原生草原变作农田的一部分时，他们种植庄稼需要的用水量和使用的化肥的量也变少了。

根留存水分
营养丰富的土壤

大平原上的叉角羚是北美洲奔跑速度最快的动物，可以以每小时86千米的速度奔跑。

大平原拥有世界上最大的风电场之一。

19世纪90年代，生活在大平原上的6000万头野牛由于过度捕猎而濒临灭绝。幸运的是，保护生物学家设法让剩下的大约1000头野牛得以存活并繁衍生息，因而目前仍有50万头野牛在大平原上漫步。

艾草松鸡以它们戏剧性的求偶表演而闻名。大量的艾草松鸡表明了整个生态系统的完整和健康。

我为爱起舞！

有3.6万平方千米的大平原现在由美洲原住民部落参与管理，他们中的许多人正在通过自己的生态倡议，帮助恢复这里的生态。

最大的威胁

大平原是地球上最缺乏保护的生态系统之一。越来越多的大平原土地被用作不可持续的大规模单作农场（只种植一种植物），生物多样性遭到破坏。大平原上规划不合理的建筑物威胁着野生动物的迁徙路线和栖息地。一些爱护自然的农场主、牧场主、保护生物学家和美洲原住民部落正在尽其所能，通过扩大保护区和恢复所剩无几的天然草原来保护他们土地上的生态系统。

佛罗里达红树林湿地生态系统

在红树林的沼泽中很容易迷路——游客们通常要划着独木舟穿过一个由盘根错节的红树树根和树枝组成的迷宫。这些树根和树枝看起来像是搅成一团的，但它们正是这个生态系统成功运转的重要原因。红树林分布在世界各地的热带地区。佛罗里达红树林是一个位于大西洋咸水和浅浅的"草河"淡水交汇处的边缘生态系统（一个生态过渡带），又被称为大沼泽地。

红树林植物是一类灌木和乔木的总称，它们生长在微咸的海岸水域中，能够过滤盐分，创造出自己生存所需的淡水。红树林为许多动物提供了栖息地，它们密集的根系起到了物理屏障的作用，保护佛罗里达海岸的土地免受侵蚀和暴风雨的侵袭。

除了这些，它们的叶子作为整个生态系统食物网的基础，也使它们成为关键种，这足以令红树林获得"最佳选手"的称号。细菌和甲壳类动物的幼体在水中分解漂浮的叶子，吸引了大型植食动物、鸟类以及大型肉食动物来到此处。白鹈鹕和鹭类栖息在红树林植物的树枝上，而鳄类漂浮在下面的水中，完全静止，直到它们的下一顿"美餐"游过。这个生态系统真切地向我们展示了一种植物是如何改变整个海岸地区的。

最大的好处

红树林能保护海岸土地免受侵蚀和风暴的侵袭，还是海洋和潮间带生物的重要家园，其中包括很多濒危物种，如美洲海牛、美洲鳄和礁鹿。在许多海洋动物发育到足以游入海洋之前，红树林充当了育儿所——它们的根可以保护正在发育的卵、幼鱼和甲壳类动物的幼体免受捕食者的侵害。这使它们成为墨西哥湾商业渔业的重要资源。

礁鹿

美洲海牛

红树林植物的叶子尝起来很咸，因为它们"流汗"时把一些从水中吸收的盐排了出来。

我是咸的！

佛罗里达州南部是地球上唯一一个真鳄和短吻鳄共存的地方。

鬣蜥并非原产于佛罗里达州，但在整个红树林沼泽都能找到它们。

这是我现在的家。

红树林植物的根部有特殊的呼吸管，叫作"皮孔"，它们能在涨潮时在水下呼吸。尽管植物"呼出"氧气，但它们也需要消耗一些氧气，用于细胞呼吸。

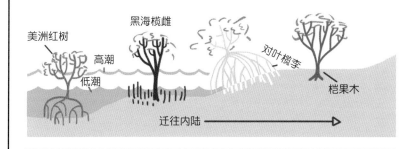

黑海榄雌

美洲红树

高潮

低潮

对叶榄李

桤果木

迁往内陆 ⟶

最大的威胁

自20世纪50年代以来，全世界近一半的红树林被破坏，或被用作木柴，或被清除。红树林植物现在是佛罗里达州的保护物种，但在墨西哥、南美洲和亚洲仍然受到威胁。红树林的减少使作为大洋食物网一部分的重要水生动物的数量越来越少。国际保护组织正在努力保护这些所剩无几的重要生态系统。

我是被保护的。

佛罗里达红树林

莫哈韦沙漠生态系统

美国西南部的莫哈韦沙漠好像不属于现实世界——点缀着奇形怪状的红色岩石和尖尖的约书亚树（短叶丝兰），这种树在世界上的其他地方都不会生长。莫哈韦沙漠曾是许多古代湖泊和河流的所在地，它们后来都干涸了。很久以前，这些河流和湖泊雕刻出北美洲最深的山谷，山谷紧挨着白雪覆盖的山脉。它们还留下了隐藏在地下的含水层和丰富的矿物，这些矿物在整片沙漠随处可见。

在雨季，莫哈韦沙漠是各种植物的乐园，仙人掌、灌木和五彩缤纷的花朵点缀着整片沙漠。但是在夏季，你就会了解为什么欧洲殖民者曾把这里称为"被遗弃的土地"了。这片沙漠是地球上最炎热、最干燥的地方——死亡谷的所在地。在那里，气温经常可以达到49摄氏度（足以让你脚下的鞋底掉下来），死亡谷还保持着近57摄氏度的世界最高气温纪录。

有什么生物能在如此高温中生存呢？生命依赖水存活，这里的冬季偶尔会发生暴风雨，沙漠中的植物和动物通过寻找地下含水层的方法，适应了这里。一些动物，比如更格卢鼠根本不喝水，而是从它们吃的叶子和种子中获取水分。此外，还有一些动物为了躲避炎热的太阳，只在晚上离开巢穴，比如郊狼或野兔。尽管沙漠生活很艰难，但莫哈韦沙漠独特的海拔条件和隐藏的水源使它形成了世界上少见的自然景观，也是一些最美丽的野生生物的家园。

最大的好处

莫哈韦沙漠海拔很高，经常阳光明媚，万里无云，很适合建太阳能发电场。这里古老的湖床是盐、铜、银、金等矿物的丰富来源，这些湖泊还留下了地下水，这是周边生物群落和城市的水源之一。

像植物一样把来自阳光的能量储存起来。

死亡谷中的恶水盆地是北美洲的海拔最低点，位于海平面以下86米。莫哈韦沙漠海拔高度的巨大差异形成了地势上的鲜明对比，在盆地的周围就是高高的雪山。

环绕莫哈韦沙漠的群山几乎阻挡了所有雨水到达沙漠，科学家把这样的沙漠称为"雨影沙漠"。

在莫哈韦沙漠和大盆地沙漠的生态过渡带，生活着世界上最稀有的鱼：魔鳉。它们生活在被称为"魔鬼洞"的地下含水层，这个地下含水层非常深，2000多公里外的地震都会使这里的水面激起1米多高的浪花。

在雨季，沙漠地鼠龟将水储存在膀胱里，并利用这些水在一年中干旱的时期生存下来。

在莫哈韦沙漠的部分地区，人们发现了所谓的"风帆石"。它们在干涸湖床的平坦表面上留下了一条条小路，好像自己在沿着这些小路移动。科学家推测，可能是在合适的条件下，风力和薄冰的综合作用，使岩石移动了起来。

我在移动！

喔！

最大的威胁

莫哈韦沙漠周围的城市一直在抽取其含水层中的水，这使野生生物生存所依赖的水变得越来越少，并导致沙漠的地面慢慢下沉。越来越多的沙漠区域也被当作垃圾填埋场。为了保护沙漠，我们需要节约用水，并反思我们在日常生活中丢弃的东西会不会对沙漠造成损害。

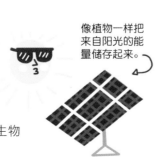

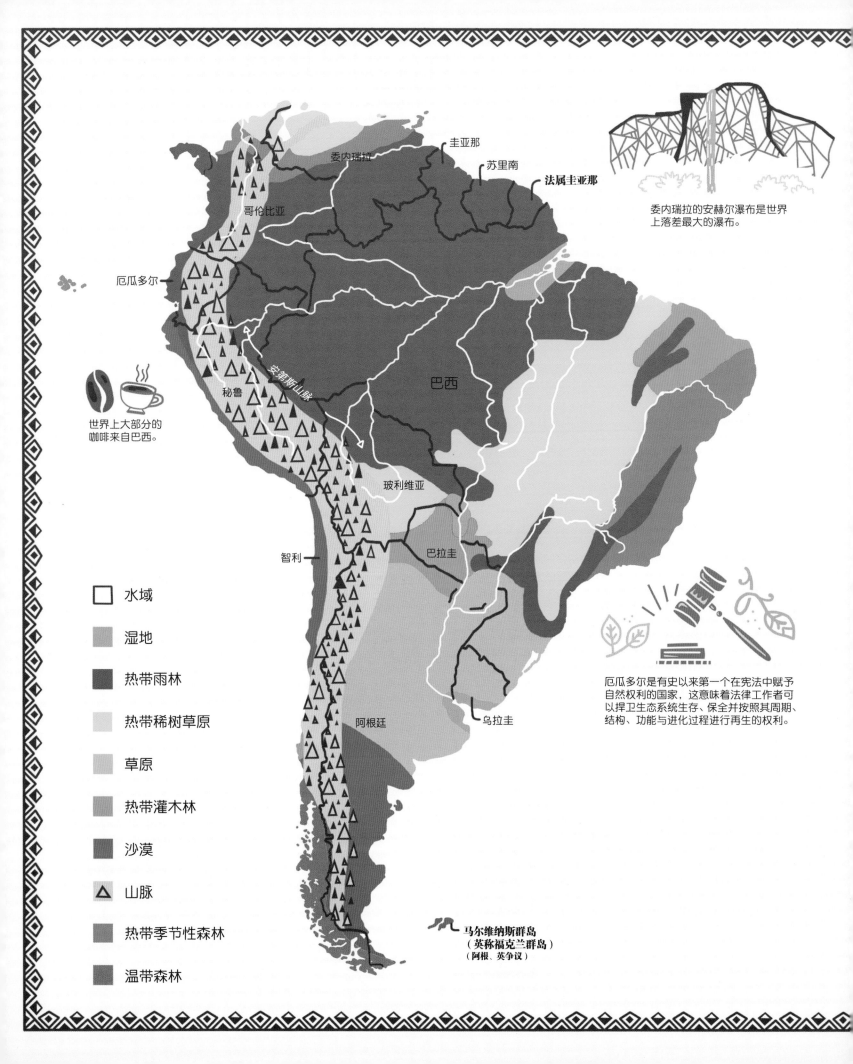

圭亚那

委内瑞拉

苏里南

法属圭亚那

委内瑞拉的安赫尔瀑布是世界
上落差最大的瀑布。

哥伦比亚

厄瓜多尔

世界上大部分的
咖啡来自巴西。

安第斯山脉

秘鲁

巴西

玻利维亚

智利

巴拉圭

厄瓜多尔是有史以来第一个在宪法中赋予
自然权利的国家，这意味着法律工作者可
以捍卫生态系统生存、保全并按照其周期、
结构、功能与进化过程进行再生的权利。

阿根廷

乌拉圭

马尔维纳斯群岛
（英称福克兰群岛）
（阿根、英争议）

	水域
	湿地
	热带雨林
	热带稀树草原
	草原
	热带灌木林
	沙漠
△	山脉
	热带季节性森林
	温带森林

南美洲

　　世界上最干燥的沙漠和最大的雨林都位于同一个大洲——南美洲。这里的地理风貌由它的"脊梁"安第斯山脉决定，安第斯山脉是世界上最长的山脉。

　　安第斯山脉高处的冰川为亚马孙河及它的数百条支流提供了水源。亚马孙河谷支持着像种植可可和咖啡这样的热带作物的农业生产，是世界木材的主要来源地。安第斯山脉也使南美洲西部的沙漠不受降雨的影响。这些沙漠炎热干燥的气候让矿物裸露在外，尤其是铜，这些矿物至今仍是智利最主要的出口商品之一。山脉的东南部是阿根廷肥沃的潘帕斯草原，那里农业兴盛，出产小麦、大豆和牛。

　　安第斯山脉的馈赠使这里成为文明的摇篮之一，这里的环境和自然资源为古代游牧民族的初次定居、耕种和建造城市提供了条件。美洲最早的文明——小北文明，就诞生于现在的秘鲁。小北文明的第一座城市建于5500多年前，比古埃及第一位法老加冕还早了几百年。从那时起，人们开始种植南瓜、豆子、棉花等农作物，开始了对南美洲荒野的改造。今天，南美洲拥有丰富多彩的文化，其矿物和食品等资源出口到世界各地，但随之而来的是过度利用土地带来的风险。现在，世界上最大的雨林正在萎缩。凭借生态学知识，我们既能使用技术从这片土地获取收益，也能保护其中重要的生态系统。

亚马孙雨林生态系统

亚马孙雨林是世界上最大的雨林，也是地球上生物最密集、最丰富的地方。这个面积近 700 万平方千米的大丛林横跨 8 个国家（其中 60% 在巴西），被称为"绿色海洋"。亚马孙雨林是世界上 10% 的已知物种的家园。发光的昆虫、凶猛的食肉鱼、小巧的树懒——你几乎可以在这里找到所有类型的生物。

亚马孙雨林中的数百万种动植物必须为获取资源展开竞争。植物争先恐后地冲破阴暗的丛林，以获取阳光；有些植物已经演化出不在土壤中生长，而是生长在像摩天大楼一样高的树顶上的本领。对食物的竞争有时会导致特异性演化，新物种会出现在非常明确的生态位上。剑嘴蜂鸟的喙比它的整个身体都长，所以它能从其他蜂鸟的喙无法到达的某种长管状花朵里取食（这意味着它不需要与其他蜂鸟共享花朵，也就没有了竞争）。

亚马孙河是地球上最长的河流之一，这里的生命依靠它生存。淡水来自降水。在 6 个月的雨季里，超过 2000 亿吨的雨水会淹没森林，此时，鱼类，甚至淡水豚都能在丛林中游弋。这些水支持着大量的树木，这些树木对于产生氧气和调节整个地球的气候至关重要。亚马孙雨林每年吸收的二氧化碳和产生的氧气总量都居世界前列，它被称为"地球之肺"。

最大的好处

亚马孙雨林的植物密度极高，影响着全球的碳循环和水循环，它产生氧气，并调节整个世界的气候。生活在丛林和周围城市中的人（包括原住民）依靠丛林获得食物和工作。

二氧化碳　氧气

动物因亚马孙河食物丰富而长成巨大的体形，比如世界上最大的啮齿动物——水豚。

在雨季，生活在淡水中的亚马孙海牛会离开河流，在洪水泛滥的森林里吃草。

森林的林冠层长满了树叶，只有少量的光线能够穿透树冠，这样森林中的地面几乎永远处于黑暗之中。

一种稀有的淡水豚生活在亚马孙河，它是粉红色的，被称为亚马孙河豚。

美洲豹经常猎杀鳄鱼，许多人认为美洲豹最初的名字"îagûara"，就可以直接翻译为"一跃即致命的动物"。

最大的威胁

规划不合理的基础设施建设，如建造大规模的水坝，破坏了热带雨林中对生命至关重要的河流系统。不可持续的非法伐木活动也使丛林处于危险之中。在森林中燃起大火是为了清除树木，为放牧腾出空间，这会导致每年向大气中释放数百万吨的碳，加剧气候变化。亚马孙雨林对整个地球的健康和正常运转至关重要，打击这里的滥砍滥伐是消除威胁的关键。

阿塔卡马沙漠生态系统

阿塔卡马沙漠中的部分地区上一次下雨可能是在400多年前。地球上只有北极点和南极点附近的地区比这里的降水量更少。这片沙漠位于安第斯山脉以西的太平洋海岸，海拔异常高，因为被安第斯山脉遮挡，形成了独特的气候和自然景观。阿塔卡马沙漠布满了艳丽的红色的峡谷、洁白的盐滩，还有世界上最美丽的晴朗天空。尽管生命在严酷的气候条件下挣扎着生存，但少数动植物已经适应了这里。

阿塔卡马沙漠距离海洋很近，因此形成了被称为"雾绿洲"的雾区，沿海陡峭的悬崖和丘陵可以从太平洋上翻滚的云层获取水分。这少量的水分是阿塔卡马沙漠的部分地区所能见到的最潮湿的东西了。然而，这足以养活一些灌木和许多鸟类，如歌带鹀和蓝黑草鹀，以及一些小型哺乳动物，如兔鼠（兔子般的啮齿动物）和狐狸。随着天气变得更加干燥，在沙漠中就只能找到稀少的仙人掌、秃鹫、鼠类或蝎子。在智利城市安托法加斯塔以南，地面布满红色岩石，看起来更像火星而不是地球。阿塔卡马沙漠中离雾最远的那些地方，气候太干燥了，甚至细菌也难以在此生存。这种炎热的气候也造就了晴朗无云的天空和夜晚肉眼可见的银河。有人说，这片夜空是阿塔卡马沙漠最大的馈赠之一。

尽管几个世纪以来，阿塔卡马沙漠一直没有下雨，但这里古老的湖泊仍在蒸发，形成了巨大的盐湖和盐滩。智利最大的盐滩就位于阿塔卡马沙漠。

成群的大红鹳以生长在阿塔卡马沙漠盐滩中的藻类为食。

美国国家航空航天局（英文缩写为 NASA）在阿塔卡马沙漠类似火星的景观中测试火星漫游车。

阿尔科里斯山谷（又叫"彩虹谷"）因那里自然形成的色彩鲜艳的岩石而得名，露娜谷（又叫"月亮谷"）有类似月球上才有的石头和沙砾。

阿尔科里斯山谷（彩虹谷）

露娜谷（月亮谷）

这里是许多大型活火山的"故乡"，包括著名的利坎卡武尔火山。

最大的好处

阿塔卡马沙漠独特的高海拔、晴朗的天空和缺乏光污染的环境使这里非常适合进行天文观测。这片沙漠上坐落着地球上最大的国际天文学研究基地之一：一组被称为"阿塔卡马大型毫米波/亚毫米波阵列"的射电望远镜就被安置在这里。射电望远镜能为科学家提供遥远恒星的精细图像，让我们可以更好地了解宇宙。

最大的威胁

随着城镇在沙漠附近发展，夜空中的人造光也在增加。这种光污染会扰乱夜行动物的生活。因此，新的建设活动一定要充分考虑生态系统的需求。通过安装特殊类型的灯和执行防治光污染法规，我们能够保护沙漠中令人惊叹的自然馈赠：地球上最澄澈的夜空。

潘帕斯草原生态系统

高乔人骑着马穿过一望无际的草丛。200多年来，这些南美牛仔在潘帕斯草原上畜养着羊、牛和马。潘帕斯草原起伏的丘陵上点缀着灌木和乔木，潟湖和河流为它们提供水源。这里的草在潮湿的气候条件下茁壮成长。

早在牛被带到这个地区之前，当地的草和其他植物就为野生动物，如大羊驼（一种野生的羊驼）和草原鹿提供了生存条件。当西班牙在南美洲建立殖民地时，带来了人工驯养的马和牛，这些马和牛如今在当地农村占据着重要地位。与世界各地的草原一样，潘帕斯草原的生态系统和自然景观也因牧场建设和农业生产而发生了改变。

虽然潘帕斯草原看起来很大，覆盖了阿根廷、乌拉圭和巴西的部分地区，但这里并不是一个取之不尽的资源宝库。过度利用土地进行耕作和不可持续的放牧方式使潘帕斯草原生态系统成为世界上岌岌可危的生态系统之一。当草原在放牧动物后没有足够的时间来恢复时，土壤退化得就更快，植物更难生长。高乔人一直是潘帕斯草原的象征，但是随着草原生态系统濒临崩溃，高乔人的生活也越来越困难。现在，科学家、高乔人和其他土地所有者正在共同努力，开发和实施新的放牧和农耕技术，最大限度地减少对环境的不良影响。

最大的好处

草真美味！

潘帕斯草原是阿根廷经济的重要组成部分，也是南美洲的农业中心。肥沃的土壤和丰富的牧草使这里非常适合种植庄稼和放牧牛之类的牲畜。随着耕地和牧场的扩大，保持原生草原的部分完整已经变得非常重要，因为这有助于防止荒漠化和洪水的暴发。

潘帕斯草原是大美洲鸵的家园，这种长得像鸸鹋的鸟类被追逐时的奔跑路线是锯齿形的。

眨眨眼

大羊驼浓密的睫毛有助于保护眼睛免受尘土的伤害。

布宜诺斯艾利斯是阿根廷人口最多的城市，位于潘帕斯草原地区。

高乔人会穿一种松垮的类似灯笼裤的裤子。

最大的威胁

不必要地排干重要的草原湿地，过度放牧，通过破坏原生草原来为新的不可持续的农场腾出空间 —— 这些行为威胁着潘帕斯草原生态系统。所有这些活动加剧了土壤侵蚀，使新草更难生长。为了养活不断增长的人口，我们需要在大规模耕作和保持草原完整的可持续生产方式之间找到平衡。

安第斯山脉热带地区生态系统

地球表面一直在运动着。长久以来，陆地和海洋下面的地壳构造板块不断移动和碰撞。这就是 2 亿多年前，泛大陆分裂成我们今天所见的大陆的原因。这也是那些高大的山脉，如安第斯山脉形成的原因。这条 8900 千米长的山脉，沿着南美大陆的西部轮廓延伸，是西半球许多高峰的所在地。从委内瑞拉到玻利维亚，安第斯山脉热带地区成为一个巨大的生物多样性热点地区，绵延了 5310 千米。

安第斯山脉海拔越高，温度越低，这导致了气候的变化。这些小气候为各种动植物提供了大量不同类型的生态位和栖息地。在海拔 3000 米以上，安第斯山脉的热带地区被草原和雪覆盖；在海拔较低的地方，有着世界上最大的云雾森林，这里的植物笼罩在雾气之中；再往下走，气候变得足够温暖，可以让热带雨林中的野生动物在森林里潜行。

气候并不是使这片森林如此多样化的唯一影响因素。不同于一般的森林，安第斯山脉热带地区的森林分布在山区。就像在被水包围的岛屿上，某些野生生物无法离开它们生活的山峰，许多山峰都有着自己特有的物种。

在安第斯山脉发现的眼镜熊，它眼睛周围的斑纹看起来像戴着眼镜。它的叫声在熊中非常罕见，是一种尖叫声和轻柔的喘鸣声。

安第斯山脉曾孕育了强大的印加帝国，印加帝国是哥伦布到达美洲大陆之前，这里最发达的国家之一。

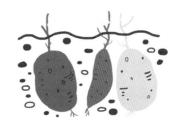

马铃薯和烟草都原产于安第斯山脉。

黄耳鹦哥濒临灭绝，但在保护生物学家的帮助下，它们的数量已经增加到 1500 多只。

在世界公认的生物多样性热点地区中，安第斯山脉热带地区的动植物多样性最高。

最大的好处

世界上 15% 的已知植物物种可以在安第斯山脉热带地区找到。这片森林中丰富的植物有助于产生氧气，每年还可以吸收上亿吨二氧化碳。

氧气

二氧化碳

最大的威胁

随着人口的增长，人们对燃料、木材和食物的需求也在增长。安第斯山脉热带地区因此面临着木材滥伐和非法捕猎的威胁。这些活动造成森林被伐光，使得动物处于危险之中。可可和咖啡豆不可持续的大规模生产破坏了这里的土壤，迫使当地人占用更多的林地来种植粮食。要防止非法偷猎和滥伐森林，必须先解决贫困问题。当人们有了粮食保障，他们才能更好地保护野生生物。

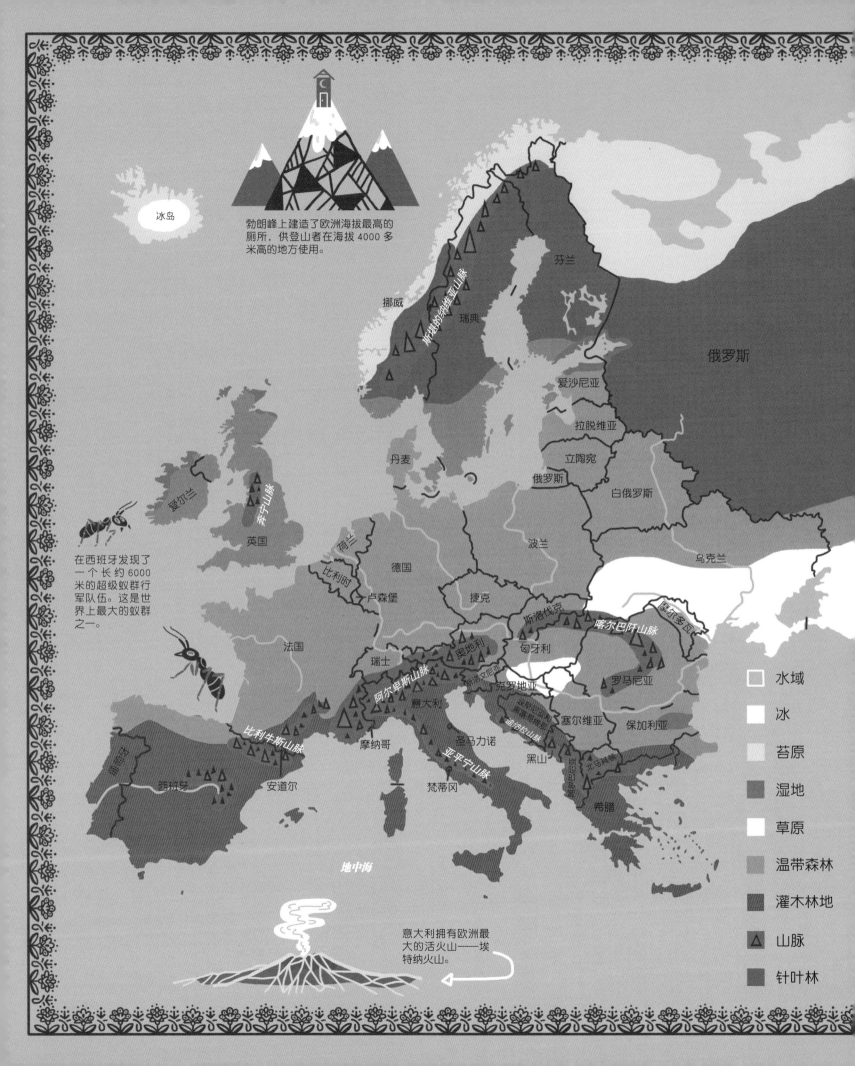

冰岛

勃朗峰上建造了欧洲海拔最高的
厕所，供登山者在海拔 4000 多
米高的地方使用。

挪威

斯堪的纳维亚山脉

瑞典

芬兰

俄罗斯

爱沙尼亚

拉脱维亚

立陶宛

俄罗斯

白俄罗斯

爱尔兰

奔宁山脉

英国

荷兰

比利时

卢森堡

德国

捷克

波兰

乌克兰

在西班牙发现了
一个长约 6000
米的超级蚁群行
军队伍。这是世
界上最大的蚁群
之一。

法国

瑞士

阿尔卑斯山脉

奥地利

斯洛伐克

匈牙利

斯洛文尼亚

克罗地亚

喀尔巴阡山脉

摩尔多瓦

罗马尼亚

比利牛斯山脉

意大利

摩纳哥

波斯尼亚和黑塞哥维那

迪纳拉山脉

塞尔维亚

保加利亚

圣马力诺

亚平宁山脉

黑山

北马其顿

葡萄牙

西班牙

安道尔

梵蒂冈

阿尔巴尼亚

希腊

地中海

意大利拥有欧洲最
大的活火山——埃
特纳火山。

水域

冰

苔原

湿地

草原

温带森林

灌木林地

山脉

针叶林

欧洲

　　许多人说欧洲与其说是一个地理概念，不如说是一种观念。它和亚洲位于同一片大陆上，没有任何地理屏障将欧洲和亚洲所在的大陆分隔开来。欧洲的"观念"是由古希腊人提出的，他们将狭窄的赫勒斯滂海峡（现在的达达尼尔海峡）作为分界，认为海峡两边是两个不同的大陆。应该说欧亚边界是人们商定出来的一条界线，它的位置不是固定的，取决于特定时期的政治和文化状况。可以说欧洲是一个巨大的半岛，周围有许多岛屿，有着多样的气候、自然景观和绚丽多彩的文化。

　　欧洲被认为是西方文明起源的"旧世界"。从石器时代到工业革命，欧洲使整个世界发生了巨大的改变。欧洲人在古希腊时期和文艺复兴时期创造的许多思想和艺术作品至今仍是西方世界的文化标志。在地理大发现和殖民时代，欧洲人改变了许多其他大陆和文明的历史进程。此外，他们把欧洲本土动植物带到了世界各地，又将旅行中发现的新物种带回了欧洲，这极大地影响了全球生态系统。

　　在18世纪的英国，工业革命给人们利用环境的方式带来了根本的、不可逆转的变化。蒸汽机、炼钢技术、动力纺织机等新工具和新发明改变了生产方式。后来，流水线又使大批量生产成为可能。在整个欧洲，人们逐渐放弃农耕生活，到这些新工厂工作。这些产品不再是由当地人制造的供自己使用的衣服或工具，而是由工厂大批量生产，可以在全球范围内交易的商品。用煤做燃料的蒸汽机的发展扩大了全球交通的运输范围。工业革命改变了人类生活和生产的方式。更重要的是，它重新定义了我们与自然世界的关系。

不列颠群岛的高沼地生态系统

"在苍茫暮色的衬托之下，沼泽地绵延的阴暗曲线，被崎岖险恶的小山所打破。"这是阿瑟·柯南·道尔在小说《巴斯克维尔的猎犬》中描写的场景。不列颠群岛标志性的高沼地激发了许多伟大作家的灵感。

虽然这种潮湿多山的自然景观看起来像是一片纯净的荒野，但事实上它是人类创造出来的。虽然有些高沼地是自然形成的无树沼泽，但有证据表明，很多地方曾经是古老的森林。许多树木在中石器时代被早期人类砍伐，通过这些活动，他们创造了这个新的生态系统。今天，高沼地仍然被人们用来放牧和狩猎。有选择、有针对性地狩猎，加上合理使用野火，有助于保护这个年轻又古老的生态系统的多样组成部分。这些都保障了高沼地中的草原可以有一个健康的再生周期，并为未来可持续的放牧活动提供了必要条件。

高沼地中有很多泥炭沼泽——这种湿地富含泥炭。泥炭是一种厚厚的泥浆状物质，是煤形成的第一阶段。随着时间的推移，死去的植物在沼泽的底部堆积起来，它们没有完全分解，而是形成泥炭。泥炭所处的位置越深，含碳量就越高。泥炭中的碳让它成为一种能源物质，能延长燃烧时间。泥炭沼泽中还有一种叫作"泥炭藓"的苔藓，可以防止泥炭被冲走。泥炭还能过滤水，为人们创造更清洁的淡水资源。潮湿的泥炭沼泽有助于形成富含碳的土壤，这片土壤为整个草原生态系统的正常运转提供了"燃料"。

最大的好处

人和动物都把高沼地作为食物供应的基础。泥炭沼泽可以提供清洁的饮用水，为羊群提供丰茂的牧场。遍布欧洲的泥炭地也是全球重要的碳汇地（大气中的二氧化碳被吸收并固定的地方）。碳汇吸收大气中的碳并储存在大气以外的地方，是碳循环的重要组成部分。

泥炭

许多来自世界各地的鸟类都会迁徙到高沼地，如每年从非洲迁徙而来的家燕。

泥炭沼泽是"活生生的自然景观"，能不断形成新的小丘（小山或土丘）和凹地（沟渠或土坑）。

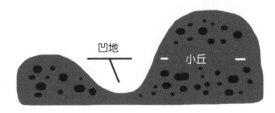

柳雷鸟数量过多时，经常被人们猎杀。狩猎是保持动物数量平衡的必要方式，而且为农村社区提供了一种商业模式，这样他们能够继续合理地管理高沼地。

泥炭沼泽遍布欧洲。自青铜时代起，泥炭就被用作燃料。在欧洲部分地区，比如爱尔兰和芬兰，人们现在仍然使用泥炭作为燃料。

泥炭沼泽中的泥炭藓就像海绵，可以使附近城镇不受大洪水的侵袭。

最大的威胁

过度放牧和不合理的农业生产已经开始使高沼地干涸。全球变暖还引发了更多失控的野火。为了应对这种情况，保护生物学家和土地所有者正在努力让这里的湿地再次充满水，有时他们会利用炸药来辅助挖掘沟渠。

地中海盆地生态系统

西方文明的发源地位于地球上最大的陆间海——地中海周围。欧洲、亚洲和非洲的 24 个国家位于地中海盆地。这片大海似乎没有随着时间改变，但事实上，它曾经完全干涸，变成一片沙漠。

地中海从周围的河流中获取淡水，但海水蒸发的速度是淡水流入速度的 3 倍，这使得地中海要依靠从大西洋流入的咸水来获取足够的水量补充。大约 1000 多万年前，板块活动导致西班牙南部和摩洛哥北部的尖端相遇并联结在一起，将地中海与大西洋隔开。来自太阳的热量很快起了作用，仅仅约 2000 年的时间里，地中海的所有海水都蒸发了，海底变成了沙漠。最终，一场地震将西班牙和摩洛哥分隔开来，形成了直布罗陀海峡，地中海重新填满海水。今天，在西西里岛下面，有一个巨大的地下盐矿，就是海水蒸发后遗留下来的。

肥沃的土壤和温和的气候使得人类在地中海盆地繁衍了超过 13 万年。虽然这里的景观看起来完全是天然的，但几千年来这里已经被人类进行了大规模的改造。人类先辈通过农耕等活动，把土地改造成我们今天看到的样子。这个地区盛产葡萄、无花果、橄榄、薰衣草和迷迭香。地中海地区适宜耕种，又有丰富的渔业资源，非常适宜人类居住。安逸的生活意味着古代人有更多的时间创作艺术作品和传播思想。这些古代文明至今仍影响着全世界。

最大的好处

地中海盆地有 22500 多种植物，是全球生物多样性的热点地区。气候、植被和丰富的渔业资源使这个地区成为许多古代文明的发源地。古希腊和罗马帝国的艺术、哲学、政治制度和建筑至今仍然影响着西方世界。

在地中海盆地下面有很多盐，矿工们在这里建造了完全由盐搭建的地下建筑。据推测，就算我们开采 100 万年，这儿的盐也不会耗尽！

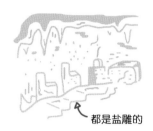

都是盐雕的

地中海盆地生活着地中海猕猴，这是欧洲唯一的非人灵长类动物。

圣马力诺是世界上现存最古老的主权国家之一，还是世界上最早的共和国。相传该国的历史可追溯到 301 年。

《伊利亚特》《奥德赛》等古希腊故事把地中海描绘成深红色。历史学家们试图弄清楚这是为什么：是明亮的蓝色海水曾经看起来更暗，还是人类的视觉随着时间而改变了？

也许我就是没有"蓝色"这个词！谁知道呢？

最大的威胁

每年有超过 2 亿名游客来地中海盆地游览，他们拥向尼斯、巴塞罗那、撒丁岛等美丽的地方。这意味着酒店建设和其他设施的开发是一个大问题。地中海盆地很少受到保护，野生生物的栖息地正在被破坏。这里的渔业资源被过度开发，河流中有限的淡水被过度利用。现在，这个地区的国家正联合起来，希望能阻止不负责任的土地利用。

冰川带

高山带 — —
树线到雪线

羱羊

臆羚

亚高山带
1600—2400 米

草

苔藓

金雕

食腐动物
胡兀鹫

黄嘴山鸦

阿尔卑斯旱獭

中欧山松

山地带 — —
800—1700 米

阿波罗绢蝶

狼

捕食者

欧洲棕熊

欧洲马鹿

草

丘陵带 — —
500—1000 米

阿尔卑斯山生态系统

有些地方太大了，超出人们的想象。高大的阿尔卑斯山脉就是其中之一。这条壮丽的山脉有开满五彩缤纷野花的山坡和高耸的雪峰，是欧洲最大的山脉，从摩纳哥延伸到斯洛文尼亚，经过八个国家。

虽然阿尔卑斯山脉覆盖的范围很大，但是它的资源并不是取之不尽的。由于狩猎和人口的不断增加，像熊、狼和猞猁这样凶猛的肉食动物濒临灭绝。由此导致的捕食者和猎物之间的不平衡已经威胁到整个生态系统。保护生物学家和当地政府一起制定了规范狩猎活动的法规，以保护这些重要的肉食动物，使它们的种群数量逐渐恢复。

每年有数百万游客来到阿尔卑斯山脉游览壮丽的群山、徒步旅行、滑雪，或许还会唱上一首约德尔山歌。尽管阿尔卑斯山脉仍然是欧洲一些最大的未受人类干扰的野生生物栖息地的所在地，但越来越频繁的人类活动也使它成为世界上最受威胁的山脉之一。保护生物学家和当地政府正在采取行动，保护这条重要的山脉，并以不会破坏自然的方式进行生产和建设。

最大的好处

阿尔卑斯山脉被称为"欧洲之肺"，因为遍布整条山脉的大量森林和草地都是重要的氧气生产者。来自山顶的冰川融水滋养着欧洲的主要河流和海洋。这些淡水还维持着阿尔卑斯山脉野生生物的多样性和人类的繁衍生息。如今，有约2000万生活在阿尔卑斯山区的人依靠山区牧场来进行农业生产。

山区的许多农民现在仍然使用传统的技术进行可持续的生产，这些技术可以追溯到新石器时代。

阿尔卑斯山脉的农民们现在用看门狗代替枪来吓跑像熊和狼这样凶猛的肉食动物。狗的吠叫声能阻止人和动物之间危险的接触，并能避免不必要的野生动物死亡。这有助于维持生态系统的平衡，维护必需的大型捕食者种群。

汪汪！

我不会惹那条狗的。

山地植物已经适应了寒冷，长出能够抵御恶劣气候的长根。

令人赞叹的工程学成就使得人们可以把道路和隧道修在山中，这使阿尔卑斯山脉成为地球上交通最方便的山脉之一。

最大的威胁

气候变化威胁着包括阿尔卑斯山脉在内的全世界的山脉。随着全球气温上升，山地冰川融化，雪崩变得更加频繁，适应寒冷气候的生物不得不继续向海拔更高的地方迁移，为了寻找更凉爽的栖息地而取代生活在那里的其他野生生物。在阿尔卑斯山脉，旅游者导致的过度拥挤和交通拥堵，以及不可持续的农业活动对野生生物和淡水资源造成危害。目前，保护生物学家和当地政府正在确认并保护阿尔卑斯山脉中对整个山脉的健康运转至关重要的部分。生态友好型旅游在兴起，新的环保型建筑也在建造中。

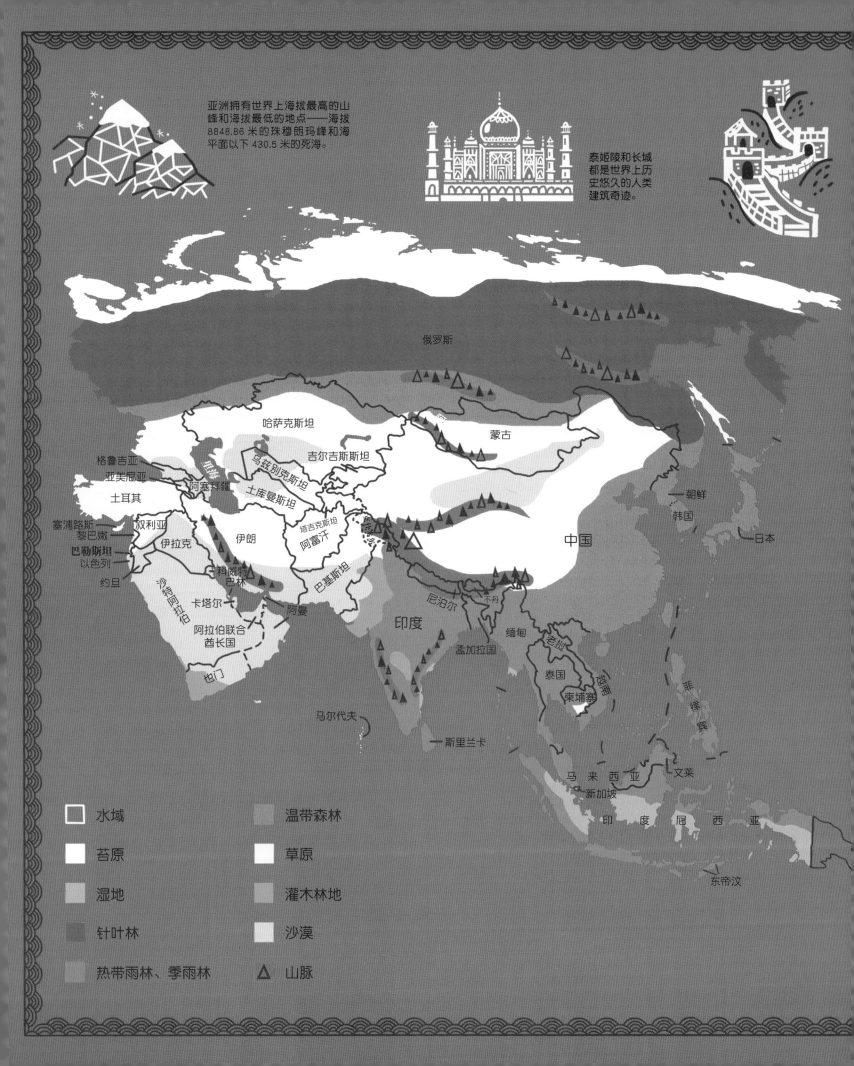

亚洲拥有世界上海拔最高的山峰和海拔最低的地点——海拔8848.86米的珠穆朗玛峰和海平面以下430.5米的死海。

泰姬陵和长城都是世界上历史悠久的人类建筑奇迹。

俄罗斯

哈萨克斯坦
吉尔吉斯斯坦
蒙古

格鲁吉亚
亚美尼亚
阿塞拜疆
乌兹别克斯坦
土库曼斯坦
土耳其
塞浦路斯
叙利亚
黎巴嫩
伊拉克
伊朗
塔吉克斯坦
阿富汗
巴勒斯坦
以色列
约旦
科威特
巴林
巴基斯坦
中国
朝鲜
韩国
日本
沙特阿拉伯
卡塔尔
阿曼
阿拉伯联合酋长国
尼泊尔
不丹
缅甸
老挝
印度
孟加拉国
也门
泰国
越南
菲律宾
马尔代夫
斯里兰卡
柬埔寨
马来西亚
文莱
新加坡
印度尼西亚
东帝汶

水域
温带森林
苔原
草原
湿地
灌木林地
针叶林
沙漠
热带雨林、季雨林
△ 山脉

亚洲

　　狮子、老虎，还有熊！从西亚炎热滚烫的沙漠到中国湿润肥沃的平原，亚洲是地球上陆地面积最大的洲，拥有超乎想象的生态系统多样性。在亚洲南部，热带季风每拜访一次，就能带来几个月的降雨，仿佛将印度泡在了雨水里。亚洲北部是俄罗斯的西伯利亚地区，这是一个大部分是冰冻苔原的酷寒之地。亚洲有许多山脉，其中包括拥有世界上海拔最高山峰的喜马拉雅山脉。这些山脉太高大了，阻挡了风的流动，在中亚和东南亚创造了许多不同的气候。它们还是阻止动物迁徙的天然屏障，并为古代亚洲的帝国提供了免受外来入侵的保护。

　　亚洲的许多河谷还是最早的人类文明的发源地：古代两河流域美索不达米亚的新月沃土、古代印度的印度河流域，以及古代中国的黄河流域，都是人类文明的摇篮。随着人类开始种植庄稼和改造周围的自然景观，人口激增，人类文明也进入了一个新时代。更先进的农业技术意味着更少的时间被用于寻找食物，而更多的时间被用于思考和发明。大约在公元前5000年，美索不达米亚成为几个大文明的主要发源地，诞生了轮子、灌溉、驯养动物、记账、数学等发明和成果。现在，亚洲是地球上人口最多的大洲，拥有地球上超过一半的人口。亚洲的生态系统对整个世界有着巨大的影响，保护其中美丽而又重要的野生生物是至关重要的。

东北西伯利亚针叶林生态系统

人们曾经用"沉睡之地"来称呼西伯利亚地区，这里寒冷、干燥，似乎无穷无尽的森林是亚洲北部的主要景观。西伯利亚的针叶林是世界上最大的未经人类改造的森林，面积超过300万平方千米。西伯利亚的冬天漫长而寒冷，降雪很少，夏天短暂而炎热。在这种寒冷的气候中生活着穿着毛茸茸的斑点大衣的猞猁，以及皮毛厚重的棕熊，它们会捕食小型哺乳动物，如野兔。

西伯利亚的针叶林紧挨北极圈，这里的大部分土壤已经冻结了数千年，这种永久性冻土几乎无法种植农作物。随着气候变化，整个北极圈附近地区的冻土开始融化，还迅速释放出数千年来安全储存在冰中的含碳气体，这些气体被释放到大气中，又加剧了气候变化。

西伯利亚的针叶林是世界上最大的未被人类干扰的荒野之一。这片巨大的常绿森林正发挥着植物最擅长的作用：将氧气释放到大气中，并为整个食物链创造一个场所，让这片严酷、寒冷的土地成为那些毛茸茸的动物的家园。

最大的好处

这片四季常青的大森林是一个巨大的碳汇地。这片森林对于从大气中吸收二氧化碳和产生氧气至关重要。针叶林有助于调节全球气候。此外，西伯利亚还有丰富的矿产资源，如铁、金以及化石燃料。

西伯利亚森林中的许多岩石是岩浆岩，它们形成的时间可以追溯到二叠纪到三叠纪时期。

我很老，但我坚硬无比。

在世界范围内，针叶林生物群系覆盖了地球17%的土地。

在夏天，约300种鸟类逗留在西伯利亚，但是在西伯利亚寒冷的冬天，只有约30种鸟类会留在这里。

我要去南方。

巴塔盖卡坑是由永久性冻土融化形成的，它是同类型坑中最大的。因为它常常传出奇怪的声音，在当地民间传说中，它被认为是通往地下世界的大门。

永久性冻土融化了，史前猛犸的化石和古老的细菌便会曝露出来。

最大的威胁

气候变化导致永久性冻土的融化，将其中储存的温室气体释放到大气中。西伯利亚丰富的森林资源引来了过度砍伐，而又没有再植。采煤和过度的捕猎也威胁着西伯利亚野生生物的生存。

甲烷

东南亚红树林生态系统

沿着东南亚的海岸线，几乎到处都是红树型植物盘绕交缠的根。经过独特的演化，它们能在淡水和海水的交汇处生长，它们的根系能够过滤盐分。它们生活在不同的生态系统交错处，是一个重要的生态过渡带，保护着泰国、柬埔寨、越南和马来西亚等地的海岸线。红树型植物的树枝和树根建造了抵御暴风雨的天然屏障，阻止了潮汐的侵蚀，并为许多动物提供了迷宫般的庇护所。红树林也是许多海洋生物的重要繁育地，还是整个太平洋和印度洋海洋生态系统的重要组成部分。

如此重要的红树林，在越南战争期间几乎完全被毁。越南中部海岸的大片红树林被坦克碾过，暴露在汽油弹和橙剂中。橙剂是一种生物化学武器，其成分与除草剂相同，它摧毁了越南和朝鲜半岛的部分红树林以及周围的其他生态系统。大剂量的除草剂也危害人类健康，可能引发癌症、出生缺陷和可能影响后代的遗传疾病。至今仍有数百万人受到橙剂的影响，但解决橙剂问题的希望依然存在。现在，保护生物学家在这一地区进行的植被恢复工作已经取得了巨大的进展，这片曾经遭到破坏的土地有了新的生命。

最大的好处

红树林是保护海岸免受风暴和海水侵袭的天然屏障。虽然东南亚的红树林里没有原生哺乳动物，但许多哺乳动物每天都会来到红树林，把这里作为狩猎场。许多鱼类和甲壳类动物利用红树型植物在水中的根来产卵，这里是幼鱼生长和隐藏的绝佳场所。

许多蜥蜴，比如巨蜥，依靠红树林生存，长得和鳄科动物有些相像的马来长吻鳄（长吻鳄科）也在红树林中活动。

在东南亚的红树林中，发现了世界上一些珍稀的水鸟，包括白翅栖鸭和斑嘴鹈鹕。

东南亚的红树林是由许多不同的红树林生态系统组成的网络状结构的一部分，这些生态系统从泰国一直延伸到澳大利亚。许多鱼类出生在红树林，后来都生活在大堡礁。

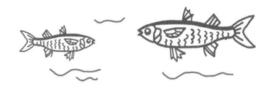

想吃鸡尾冷虾吗？感谢红树林！大量的虾都是越南出产的，这都直接受益于沿海的红树林。

在红树林中生活的貘的幼崽有着白色的条纹和斑点，可以帮助它们隐藏自己。大约七个月后，这样的斑纹会消失。

最大的威胁

许多人错误地认为东南亚的红树林是无用的，于是他们为了建造新建筑，清理了红树林。在泰国，一半的红树林被砍伐，用来生产木炭。此外，炸药和拖网有时被用于红树林附近的捕鱼作业，这给树木和野生生物带来了危害，特别是幼小的海洋动物。

达斡尔景观草原生态系统

达斡尔景观中的草原是目前世界上最大的保存完好的温带草原。当全世界的其他草原以惊人的速度萎缩时，超过100万只蒙原羚正在这片草原上自由地游荡。

达斡尔景观大部分位于蒙古国，蒙古国大部分地区被起伏的丘陵、多草的平原和湿润的湿地覆盖。由于每年大约有250天是晴天，这个地方获得了一个昵称——"蓝天之国"。这里大部分土地都很平坦，并没有受到阿尔泰山脉的保护，这使它拥有季节变化剧烈的气候特征。草原上的夏天很暖和，可以看到许多快速生长的草。草原上的冬天风很大，气温会低于0摄氏度。在整个蒙古国，气温最低会降到零下40摄氏度。

达斡尔景观是联合国教科文组织认证的世界自然遗产，因为这里拥有原始辽阔的荒野和丰富独特的野生生物。在这片草原上，你可以找到胖乎乎的貉、优雅的沙狐和濒临灭绝的普氏野马等动物。蒙古人传统的土地管理方式让草原仍然保存完好。现在，蒙古国大部分地区仍不发达，许多蒙古人都依赖健康的土地生存，因此必须优先保护土地资源。事实上，在20世纪，过着传统游牧生活的蒙古人数量增加了。多亏了蒙古人照顾着他们的草原，这片世界上最大的荒野如今仍旧存在。

最大的好处

世界上最大的保存完好的温带草原支撑着整个国家。蒙古国的经济以产自家畜的肉、毛皮和羊绒为基础。国家对狩猎加以限制，提倡保护传统的土地管理方法，以保持草原完好且富产。

蒙古国的许多牧民仍然住在蒙古包里，穿着传统的服装。

由于非法狩猎和与家畜的竞争，蒙古国本地的野马几乎灭绝。

达斡尔景观中的草原是横跨欧亚大陆约8000千米的大草原生物群系的一部分。

蒙古国是亚洲盘羊的家园，亚洲盘羊是世界上最大的野生盘羊。

亚洲盘羊公羊

我的体重超过200千克。

最大的威胁

克什米尔细毛羊

把整棵植物都吃了

产自山羊的羊绒是蒙古国最赚钱的出口产品之一。但是，大量饲养山羊会破坏当地的自然景观。山羊会把草叶和草根都吃掉，它们啃食过的地方会变成不能耕种的沙丘，使整个牧场遭到破坏。牧民们正在与保护生物学家合作，用更合理、可持续的方式放牧。如果成功了，遭受过度放牧的草原将在大约10年后恢复。但问题是，对羊绒的需求还在持续增长。即使在大多数的农村地区，耕作和发展也都需要考虑保护自然环境的问题。

冰川

高山草甸
和灌木林地
4500—5300 米

喜马拉雅
塔尔羊

雪豹

温带针叶林
3000—4500 米

草

鼠兔

竹子

羚牛

针叶

小熊猫

温带阔叶林和
针阔叶混交林
2000—3000 米

麝

金叶猴

亚热带常绿阔叶林
和热带季雨林
2000 米以下

棕颈犀鸟

果实

蕨

兰花

野猪

鳞茎

蠕虫

孟加拉虎

喜马拉雅山脉生态系统

"喜马拉雅"在藏语中意为"冰雪之乡"，很多亚洲神话和传说都源自这座拥有世界上最高山峰的山脉。在20世纪，喜马拉雅山脉成为登山者征服高山的里程碑，不过喜马拉雅山不仅仅是一个冒险的目的地。

山上海拔越高的地方越寒冷。在喜马拉雅山脉的最顶端覆盖着冰川和冰盖。除了北极和南极地区，喜马拉雅山脉是地球上第三大冰雪堆积地。下降到较低的海拔时，山中开始变暖，冰雪融化成水汇入河流。

海拔5300米处以下是高山草甸和灌木林地。在这里，行踪飘忽不定的雪豹在山岩间捕食麝。海拔再下降大约800米，在内侧山谷，濒临灭绝的小熊猫生活在松树和云杉之间。随着海拔高度继续下降，气候也变得更加具有热带特征。在海拔大约3000米的地方，森林里长满了巨大的橡树、美丽的兰花，还有500多种鸟类。最后，来到山脚附近——海拔2000米以下的地方，热带阔叶林开始出现。

虽然这些海拔高度不同的地区环境差异很大，但并非界线分明。山脉是一个由上到下相互作用的巨型复杂网络系统，每个不同的生态系统都依赖它的"邻居"生存。

喜马拉雅山脉中生活着雪豹、羚牛、金叶猴等珍稀动物。

珠穆朗玛峰海拔8848.86米，是世界上海拔最高的山峰。大多数登山者要花好几天才能登上山顶。

第一批登上珠穆朗玛峰的人是尼泊尔登山家丹增·诺尔盖和新西兰登山家埃德蒙·希拉里。他们在1953年登上了珠穆朗玛峰。

最大的好处

喜马拉雅山脉的巨大冰川是亚洲大部分地区淡水的来源。长江、雅鲁藏布江、印度河等亚洲大河都发源于喜马拉雅山脉。这条山脉也形成了巨大的自然屏障，影响着南亚的气候。高大的山脉阻挡了来自北方的寒冷气团，在冬天冷气团就不能到达印度南部；高大的山脉阻挡了西南季风，导致云在到达山脉以北之前就大量转化成降水。

最大的威胁

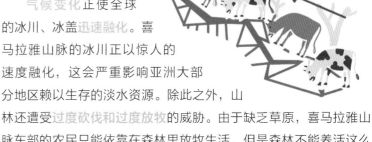

气候变化正使全球的冰川、冰盖迅速融化。喜马拉雅山脉的冰川正以惊人的速度融化，这会严重影响亚洲大部分地区赖以生存的淡水资源。除此之外，山林还遭受过度砍伐和过度放牧的威胁。由于缺乏草原，喜马拉雅山脉东部的农民只能依靠在森林里放牧生活，但是森林不能养活这么多的家畜。保护组织正在努力保护这里的土地，同时也在尽力改善喜马拉雅山区农民的生活。

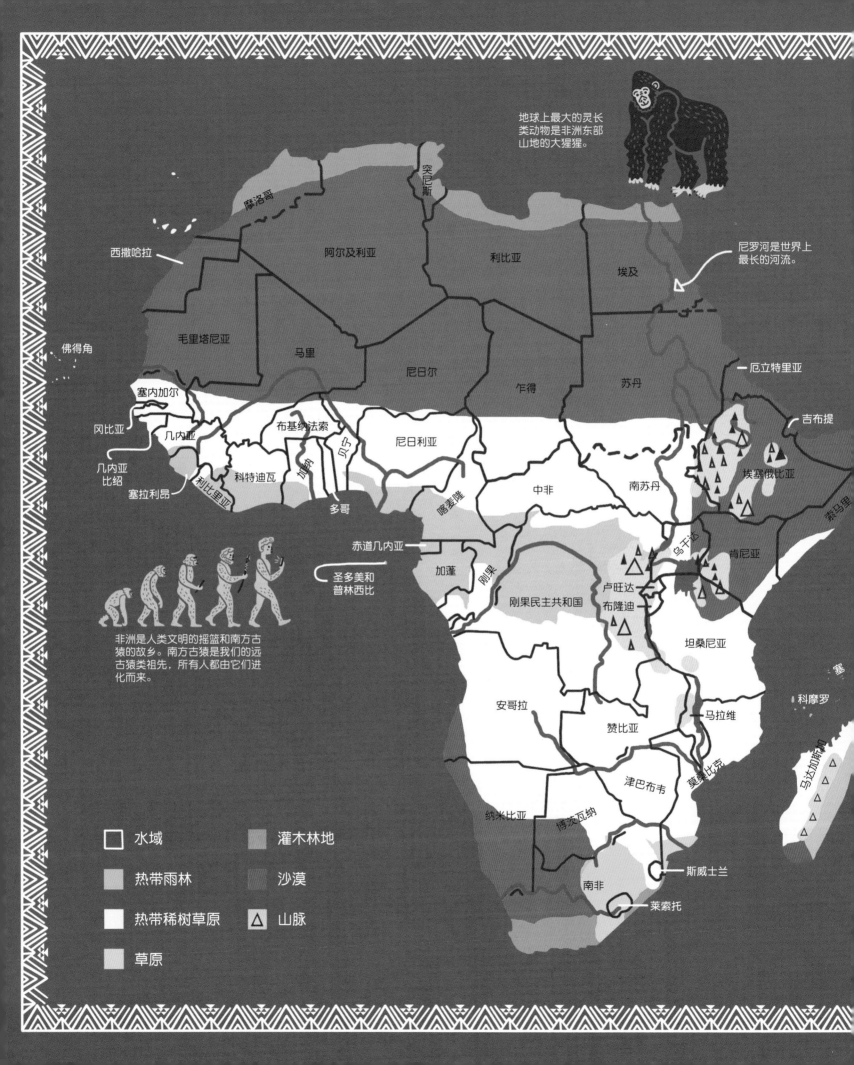

地球上最大的灵长
类动物是非洲东部
山地的大猩猩。

尼罗河是世界上
最长的河流。

摩洛哥

突尼斯

西撒哈拉

阿尔及利亚

利比亚

埃及

佛得角

毛里塔尼亚

马里

尼日尔

乍得

苏丹

厄立特里亚

塞内加尔

吉布提

冈比亚

几内亚

布基纳法索

尼日利亚

南苏丹

埃塞俄比亚

几内亚
比绍

科特迪瓦

加纳

多哥

贝宁

喀麦隆

中非

索马里

利比里亚

塞拉利昂

赤道几内亚

圣多美和
普林西比

加蓬

刚果

乌干达

肯尼亚

卢旺达

布隆迪

坦桑尼亚

非洲是人类文明的摇篮和南方古
猿的故乡。南方古猿是我们的远
古猿类祖先,所有人都由它们进
化而来。

刚果民主共和国

科摩罗

安哥拉

赞比亚

马拉维

莫桑比克

马达加斯加

塞

津巴布韦

纳米比亚

博茨瓦纳

斯威士兰

南非

莱索托

⬜ 水域	▨ 灌木林地
▨ 热带雨林	▨ 沙漠
⬜ 热带稀树草原	△ 山脉
▨ 草原	

非洲

非洲可能是全人类的故乡。人类花费了 600 万年的时间从我们的类人猿祖先演化成今天用双腿走路、大脑容量增加的智人。生活在 600 万年前到 200 万年前的人类祖先化石，目前只在非洲发现过，科学家们相信人类演化的大部分过程发生在这片大陆上。

作为地球上面积第二大的洲，非洲大陆分布着一些地球上最大的荒原。非洲也是一个充满强烈反差的地方。强壮的大猩猩在地球上面积第二大的雨林——刚果雨林中漫游，骆驼穿越世界上最大的热沙漠——撒哈拉沙漠；狮子、斑马和角马奔腾在塞伦盖蒂草原，这是地球上最壮观的动物迁徙之一。

非洲以丰富的自然资源闻名，如贵金属、宝石等，它们被开采出来并出口到世界各地。从 17 世纪到 19 世纪，欧洲人为了获取自然资源而疯狂地掠夺非洲，直到 20 世纪 50 年代，非洲的各个殖民地才开始独立。随着非洲国家获得独立，在许多新独立的国家中，出现了争取平等的斗争，如南非反对种族主义、反对种族隔离制度的斗争。欧洲殖民的历史对今天组成非洲的 54 个国家的政治、土地利用和边界产生了巨大的影响。

从开罗到开普敦，非洲拥有许多大城市和多种多样的文化。虽然非洲一些地区的贸易和经济很发达，但是这个大陆的许多地区仍然不富裕。在非洲一些贫穷的国家里，非法偷猎、树木过度采伐情况比较严重，这对重要的生态系统造成了破坏。现在，非洲既需要保护环境，也要帮助那些欠发达地区获得粮食、能源和教育资源，创造出可持续发展的经济模式。

毛里求斯

尼汪（法）

刚果盆地热带雨林生态系统

刚果盆地热带雨林浓密的枝叶从非洲中部向西一直延伸到大西洋沿岸，途经6个国家。你可以在这片森林中发现大猩猩、象和水牛。刚果到处都是野生动植物，当这么多的动物和植物共享空间时，对资源的竞争就在所难免。

刚果盆地热带雨林里仅仅1公顷的土地上就生长着1000多棵树。在拥挤的热带雨林中，植物为了争夺空间，利用各种适应性特征来获得优势。有些植物有有毒汁液，以防自己被捕食者吃掉；有些则依靠野猪、猴子等动物取食果实，然后把果实中的种子排泄出来，让自己的后代得以在森林中传播开来；还有一些植物用尖锐的刺"防身"，用强壮的藤蔓向着阳光攀爬。

当这么大的地区分布着这样茂密的森林时，这些植物已经创造出了自己的天气系统。树木释放水蒸气的过程叫作"蒸腾"。这些水蒸气形成云，然后又以雨的形式降落下来。事实上，刚果盆地热带雨林大部分的雨水直接来自植物蒸发的水分。大暴雨形成的洪水淹没森林，流入成千上万条河流，这些河流穿过丛林，形成了巨大的瀑布，最终到达大西洋。整个世界都依赖这个强大而潮湿的生态系统。地球上约1/3的氧气是由热带雨林创造的，而作为地球上面积第二大的热带雨林，刚果盆地热带雨林获得了"地球第二肺"的称号。

刚果盆地热带雨林中的维龙加国家公园是非洲最早的国家公园，始建于1925年。

刚果盆地热带雨林的地被层可以看到被当地人称为"黑猩猩之火"的微光。这微光来自一种特殊的酶，这种酶是以植物枯死的枝叶为"食"的真菌产生的。

独特的气候意味着刚果盆地热带雨林遭受的雷暴比地球上其他任何地方都多，这里每年要遭受约1亿次雷电袭击。

非洲森林象在丛林深处来回穿梭，开辟出通往一些特殊空地的道路网。这些空地中有小湖，它们可以去那里闲逛、社交，还可以取食泥浆底下的盐。

最大的好处

刚果盆地热带雨林地区是7500多万人的家园，这里的经济发展依赖这里丰富的生态系统。茂密的树木调节气候，并向地球大气中释放氧气，还有助于控制碳排放。这些树木还为世界各地提供了他们需要的木材。这片热带雨林也是许多特有的动物（如倭黑猩猩和大猩猩）的家园。

最大的威胁

非法偷猎森林中的动物，如大猩猩、猴子和羚羊，使这些动物濒临灭绝。保护组织正在与这一地区的6个国家合作，希望能停止对树木的过度采伐，并建立更多的热带雨林保护区。非洲最贫穷的一些人类社群生活在雨林中或雨林附近，当这些人类社群遭受经济压力时，他们便会偷猎和进行不可持续的采矿或伐木。解决贫困问题与保护环境应协调发展。人们在使用这片丛林有限的资源时，也需要为后代着想。

非洲热带稀树草原生态系统

你听过几百万头野牛一齐奔跑的声音，还有捕食它们的狮子的咆哮吗？非洲热带稀树草原就是世界上规模最大的、一年一次的动物迁徙的发生地之一——约150万头斑马、大象、瞪羚、长颈鹿和其他食草动物通过迁徙，在热带稀树草原上寻找新鲜的草。这些动物围绕塞伦盖蒂平原，穿越坦桑尼亚和肯尼亚，它们的迁徙路线形成一个圈，足有2900千米长。猎豹、狮子、鬣狗跟在初级消费者之后，这是它们狩猎的好时机。鸟类、昆虫和蜥蜴也利用这些食草动物迁徙的机会，捕捉生活在这些大型动物身上的小虫。

非洲热带稀树草原是一片点缀着树木的草原，覆盖了整个非洲大陆大约一半的面积。热带稀树草原上的动物适应并依赖这里潮湿和干燥的季节变化特征。雨季的时候，大沼泽地里到处都是河马和海鸟。在旱季，热带稀树草原的部分地区会着起火来，自然形成的野火可以烧掉和英国面积差不多大的区域。这些火灾是维持生态系统、刺激新草生长的必要条件。食草动物，包括世界上最大的陆生哺乳动物——非洲象，会随着季节变化而进行迁移。雌象和幼象组成紧密的家庭群，由最年长的雌象领头。大象非常聪明，记得它们领地范围内吃草和打泥浆滚的好地方。这只是非洲热带稀树草原上许多动物奇迹中的一部分。

热带稀树草原的部分地区把来自非洲活火山（如刚果民主共和国的尼拉贡戈山）的火山灰作为肥料，这些火山灰使热带稀树草原上的土壤变得更加肥沃。

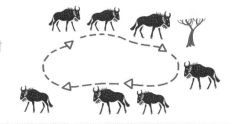

角马每年都按照顺时针的方向迁徙。

格兰特斑马的叫声听起来可不像马叫——它们发出像狗叫一样的声音。

大象的脚底有又厚又软的掌垫，可以感觉到振动。当面临危险时，它们会跺着脚向远处的其他大象发出警告。

猎豹可以以每小时115千米的速度追捕猎物。

最大的好处

非洲热带稀树草原上栖息着数量惊人的动物。仅在塞伦盖蒂平原，就有3000多头狮子，还有大约170万头角马、25万只斑马和50万只瞪羚。这些动物会产生大量的粪便，当它们穿越热带稀树草原迁徙时，粪便就会成为土壤的肥料。供养如此多野生生物的草原也为人类提供了营养丰富的土壤，有利于农耕和放牧牲畜。

最大的威胁

偷猎威胁着濒临灭绝的动物，如非洲象和黑犀牛。气候变化导致气温上升，雨季降水减少，旱季的时间延长，新草更难生长。此外，规划不合理的建筑工程阻断了许多动物的自然迁徙路线。幸运的是，坦桑尼亚的塞伦盖蒂国家公园仍旧受到保护，维持了世界上最大的动物迁徙活动。但是，要想制止非法偷猎和保护大草原的其他地区，还有更多的工作要做。

撒哈拉沙漠生态系统

过去，北非大地曾经充满了生机，遍地森林和湖泊，还有许多动物在辽阔的草地上漫步。现在，北非被撒哈拉沙漠"统治"，它覆盖了整个非洲大陆三分之一的面积。在撒哈拉沙漠地区，通常一年只下一两次雨，而且雨水很快就会蒸发，回到空气中。撒哈拉沙漠中遍布沙丘和干裂的岩石，辽阔、炎热又危险。有少数动物适应了这种恶劣环境，包括那些拥有特化（为适应特殊条件或特殊环境发生的演化现象）了的适应性特征的爬行动物、昆虫和啮齿动物，它们大多在夜间活动，生活在远离太阳的地下。撒哈拉银蚁是唯一一种能在撒哈拉沙漠正午的高温中活动的动物，不过它也只能忍受十分钟暴晒。

大多数科学家认为，这个曾经郁郁葱葱的地区在6000多年前，由于地轴的倾斜度稍微改变而变成了一片沙漠。地轴倾斜度的这种变化使太阳照射非洲大陆的角度发生了改变，提高了这里的温度，让土地变得干燥。当时，气候变化太快了，大多数动植物都无法继续生存。由于没有植物来维持一定的湿度，沙漠继续蔓延，直到它达到相当于美国国土面积的规模。

现在剩下的只有石化的树木、石制品和古代的岩石雕刻，它们展示了曾经在北非活动过的动物的形象。古代湖泊也遗留下来，形成了稀有的绿洲。但是，这里没有足够的植物或动物来促进土壤的形成，沙漠便继续蔓延，干旱季节和土地管理不善加剧了这种蔓延。保护生物学家正在努力，以阻止荒漠在撒哈拉沙漠地区的进一步蔓延。

最大的好处

绿洲可以保障人类的大篷车从撒哈拉沙漠的一端行驶到另一端，并为许多候鸟（如家燕）提供食物和水。撒哈拉沙漠还富含磷酸盐、铁矿石等矿产，这些矿产被开采出来并出口到世界各地。在这个曾是世界上最大的湖泊的遗迹中，仍然有藻类和矿物的沉积物。它们被风吹过海洋，一直吹到南美洲，使亚马孙雨林中的土壤变得更加肥沃。

这种叫作"含生荠"的复苏植物可以休眠多年，这时它看上去就像死掉的风滚草。如果接触到足够的水分，含生荠就会舒展开，在再次干燥之前释放出种子。

撒哈拉沙漠中的绿洲可以维持沙漠中的棕榈树、蕨类植物、鱼类甚至鳄鱼的生存。

骆驼被称为"沙漠之舟"，它们可以连续几个月不喝水，但是如果没有人引导它们去水井或绿洲补充水分，它们也无法继续在沙漠中生存。

驼峰中储存着脂肪

当沙丘崩塌时，它们发出的响声在10千米之外都能听到。

我是个歌手！

嗡嗡！

最大的威胁

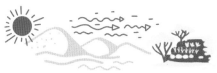

荒漠化和随之而来的撒哈拉沙漠的扩张对非洲其他地区是一个永远存在的威胁。在沙漠和草原之间的过渡地区萨赫勒，政府、生态学家和当地农民正在努力减缓沙漠蔓延。他们正在利用当地的土地管理技术，在作物间种植树木，创建了一个能够保持土壤水分的农业生产网络。这起到了天然屏障的作用，阻止了沙漠的蔓延。当地社区现在把树木作为燃料和木材的来源，但不会全部砍伐。保护生物学家相信，如果他们扩大这些技术的应用范围，就能防止沙漠在非洲的蔓延。

好望角生态系统

五彩缤纷的花朵开遍了非洲西南端的好望角。作为世界上最大的花卉王国之一，这个小小的地方就有8500多种花。两股完全不同的洋流——来自印度洋的、暖热强大的厄加勒斯暖流和来自大西洋的、寒冷的本格拉寒流在这里相遇，创造了好望角独特的气候条件，使生态系统能够正常运转。海洋温度影响天气，决定了什么动物和植物可以在一个地区生活。当这两股不同又强劲的洋流相遇时，它们就会形成小气候，这种小气候可以让许多种类的植物生活在这里。寒冷的本格拉寒流在海角的沙漠灌木丛上形成冷雾。同时，世界上最强劲的洋流之一厄加勒斯暖流带来了温暖的热带海水和降水，促使非洲东南海岸在夏季多雨。好望角丰富的植物能够供超过250种鸟类和哺乳动物在此生活，如海角山斑马和豚尾狒狒。

许多动物利用洋流在海洋中迁移。好望角一侧是温暖的海水，另一侧是寒冷的海水，它们共同支持着来自世界各地的许多种类的海洋生物。对于海洋捕食者来说，大量的鱼意味着大量的食物。好望角海域的鱼吸引了大白鲨和海豚来到此处，在这里出现了世界上最大的大白鲨种群和数以千计的海豚。如果没有这两股强劲洋流，非洲南部的尖端就不会有今天众所周知的生物多样性和美丽景观。

世界上只有6个地方可以被称作"花卉王国"，好望角是其中面积最小的。

"搭乘"着寒冷的本格拉寒流，成群的沙丁鱼游向好望角的海岸水域。为了避开厄加勒斯暖流的温暖海水，它们被困在两股洋流之间。这吸引了鲸、鲨鱼、海豚、海鸟和海豹疯狂地前来捕食。

本格拉寒流形成的冷空气支持着一些不寻常的动物，如南非企鹅的生存。南非企鹅生活在南部非洲海岸地区，和人们通常认为的不一样，这是一种不生活在南极洲的企鹅。

最大的好处

好望角地区因为惊人的生物多样性被联合国教科文组织认定为世界遗产地。洋流系统为好望角地区带来了丰富的海洋生物，也让这里成为大型海洋捕食者的重要迁徙路线中的一段。这一地区也是南部非洲的居民从事商业捕捞的重要渔场。

最大的威胁

开普敦是南非第二大城市，随着城市人口的增长，破坏自然水流、侵害野生生物生存的水坝建设也

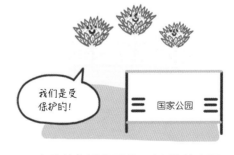

在增多。好望角地区的1700多种植物濒临灭绝，26种花卉已经灭绝。为了保护这个地区，保护组织与当地政府合作，建立了桌山国家公园，推动生态旅游的发展。

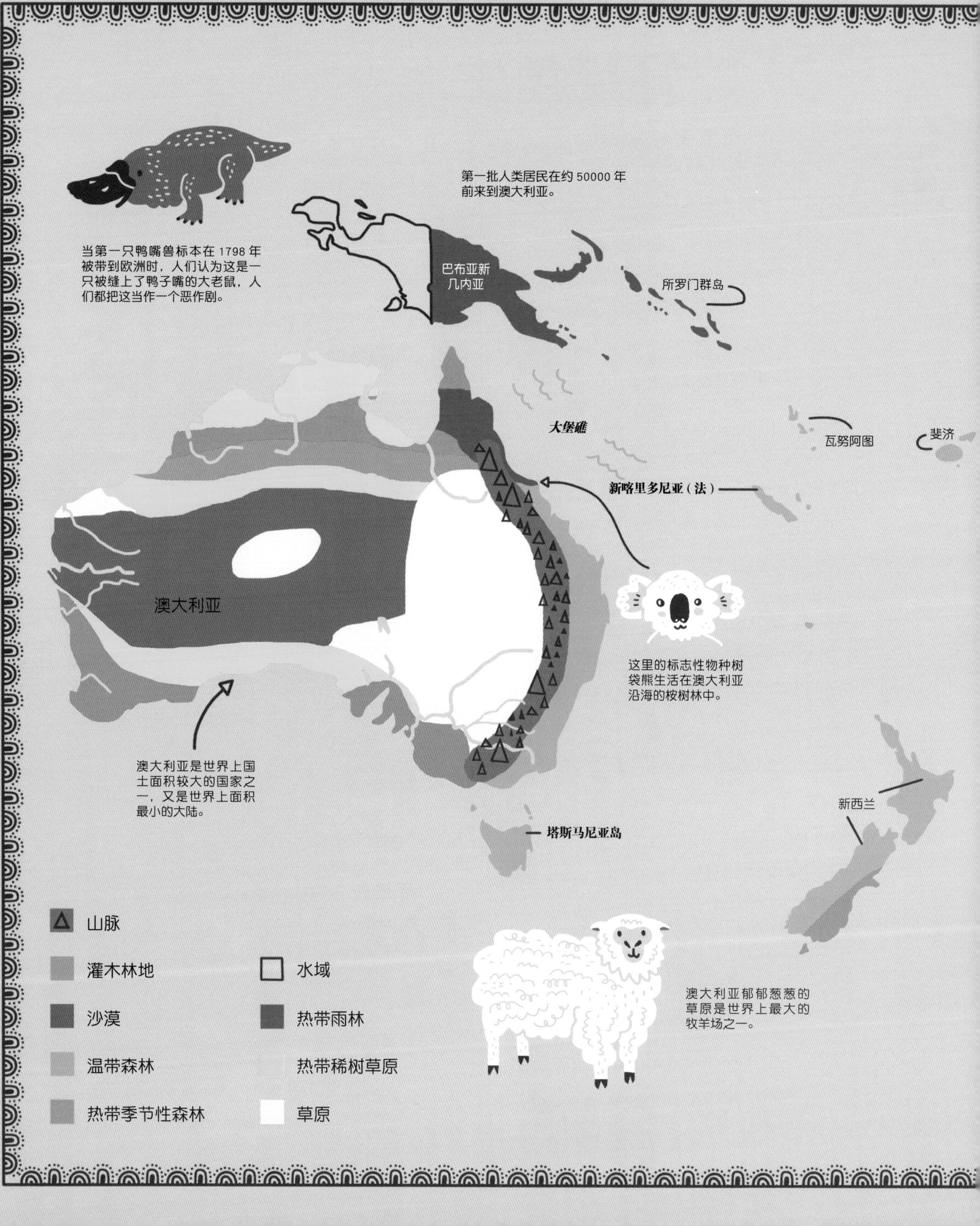

当第一只鸭嘴兽标本在 1798 年
被带到欧洲时，人们认为这是一
只被缝上了鸭子嘴的大老鼠，人
们都把这当作一个恶作剧。

第一批人类居民在约 50000 年
前来到澳大利亚。

巴布亚新
几内亚

所罗门群岛

大堡礁

瓦努阿图

斐济

新喀里多尼亚（法）

澳大利亚

这里的标志性物种树
袋熊生活在澳大利亚
沿海的桉树林中。

澳大利亚是世界上国
土面积较大的国家之
一，又是世界上面积
最小的大陆。

新西兰

塔斯马尼亚岛

图例

⊿ 山脉

▨ 灌木林地　　□ 水域

▨ 沙漠　　　　▨ 热带雨林

▨ 温带森林　　热带稀树草原

▨ 热带季节性森林　□ 草原

澳大利亚郁郁葱葱的
草原是世界上最大的
牧羊场之一。

澳大拉西亚

澳大拉西亚由澳大利亚大陆及邻近岛屿组成，它是大洋洲的一部分。大洋洲是更大的政治和地理区域，从新几内亚岛一直延伸到夏威夷群岛。澳大利亚大陆是大洋洲最大的陆地。

虽然这块大陆并不是最古老的，但是由于澳大利亚大陆和其他大陆的分离，这里粗犷而美丽的自然景观似乎没怎么受到时间的影响。6500万年来，澳大利亚大陆的动植物也与世界上其他大陆的动植物相分离。澳大利亚大陆像岛屿一样被浩瀚的海洋包围，这里的野生生物自由演化，以独特的方式相互竞争。只有澳大利亚大陆才有产卵的哺乳动物，如滑稽的鸭嘴兽和针鼹。澳大利亚大陆上有很多袋鼠、树袋熊等有袋类动物。和其他哺乳动物不同，有袋类动物演化出把幼崽留在身体外部的袋子里发育的特征。这里还有许多长相奇怪的鸟类，比如色彩斑斓、长得像恐龙似的鹤鸵。鹤鸵长着锋利的爪子，头顶上也有皮肤覆盖的盔状隆起，让很多人想起了伶盗龙。

澳大利亚大陆的内陆地区大部分无人居住，拥有世界上最大、最完好无损的热带稀树草原。澳大利亚大陆也是茂密的海岸森林和巨大的珊瑚礁的家园。18世纪，欧洲人开始对澳大利亚进行殖民统治，这块大陆上的森林也开始遭受大规模的砍伐。现在，在澳大利亚大陆，对原始森林的砍伐仍在继续，这里的许多特有动物，如树袋熊，由于这种不可持续的发展，生存受到了威胁。现在，保护组织和生态学家正在尽力保护澳大利亚大陆独特的野生生物和环境。

澳大利亚稀树草原生态系统

世界上最大、最完整的热带稀树草原位于澳大利亚大陆的北部。这片热带稀树草原人烟稀少、幅员辽阔，覆盖了大约 1/4 的澳大利亚大陆，但据估计只有 5% 的澳大利亚人居住在这里。这片茂盛的草原由 6 个不同的区域组成，人们在这里发现了很多极为特殊的野生生物。

由于澳大利亚大陆与其他大陆隔海相望，这里与世隔绝的状态使野生生物向着特殊的方向演化。红袋鼠和沙袋鼠这样的有袋类动物会把正在发育的幼崽放在一个位于身体外部的育儿袋里养育。神秘的罗盘白蚁用草建造和人差不多高的巨型土丘状巢，所有的土丘都神秘地指向某一个精确的南北轴线。澳大利亚大陆最著名的动物之一就是不会飞的巨大的鸸鹋。它们比其他大多数鸟类看起来都更像它们的恐龙祖先。鸸鹋身高可达 1.8 米，能以每小时 50 千米的速度跑过草原。在遇到肉食动物的威胁时，它们会发出巨大的咝咝声吓退捕食者。澳大利亚大陆的热带稀树草原被认定为"全球生态区"，因为在这里科学家们可以了解全球范围的生物多样性。

最大的好处

世界各地的草原为人们提供了大量的牧场和农田。据估计，虽然全球约 70% 的草原正在为人类发展让路，但澳大利亚大陆的热带稀树草原大部分仍未受到破坏。这片草原为澳大利亚人的农业生产和一些大型放牧区提供了肥沃的土壤。热带稀树草原也是许多原住民的家园，他们直到今天还延续着丰富的传统文化和传统的土地管理方式。

古代的熔岩流形成了著名的"玄武岩城墙"和安达拉熔岩洞中的空洞迷宫。

澳大利亚大陆热带稀树草原上的七彩文鸟被认为是世界上最美丽的鸟类之一。

澳洲野狗是澳大利亚大陆上的一种野生犬类，它们捕食兔子、小袋鼠，甚至成年袋鼠。

喔！不！

袋鼠是澳大利亚特有的物种。在澳大利亚的英语中，有很多关于袋鼠的特有词汇。一群袋鼠被称为"mob"，雌袋鼠被称为"flyer"，雄袋鼠被称为"boomer"，袋鼠宝宝被称为"joey"。

数百万年前，鸸鹋的祖先是会飞的。科学家们认为，恐龙灭绝后，这些鸟类没有真正的天敌，还可以获得更多的食物。它们的个头开始变得越来越大，经过代代演化，鸸鹋变得太重而飞不起来了。

嗨！我曾经也会飞。

最大的威胁

过度放牧和一些外来动物物种的入侵给澳大利亚大陆的热带稀树草原造成了危害，不过气候变化才是最大的威胁。像所有的草原一样，这里也会发生自然野火。随着全球气温上升，旱季延长，更长的干旱季节意味着有更多的干草可以成为野火的可燃物。大规模的、失控的野火正威胁着全世界的草地和灌木丛。保护生物学家正在与澳大利亚的原住民合作，一起管理这片土地，以防止火灾的发生。

塔斯马尼亚岛温带雨林生态系统

大约 1 亿 8000 万年前，恐龙生活在被称为"冈瓦纳古陆"的超大陆上，统治着地球。随着时间的推移，冈瓦纳古陆分裂了，形成了澳大利亚大陆和南半球的其他大陆、岛屿。许多与恐龙同时期的树木、苔藓和无脊椎动物，如今仍然生活在塔斯马尼亚岛的森林，堪称"活化石"。塔斯马尼亚岛温带雨林是联合国教科文组织认定的世界遗产，因为它们与过去有着独特的联系。

塔斯马尼亚岛是澳大利亚的一个小岛，尽管面积不大，但是岛上有 8 个不同的生物群系。宁静又凉爽的雨林覆盖了塔斯马尼亚岛上 10% 的土地，是冈瓦纳古陆上最原始的、未曾被人类改变过的地区之一。许多花卉和树木，比如稀有的金氏山龙眼，已经在塔斯马尼亚岛生长了几千万年。在这里，王桉能长到 90 米高，可与北美红杉相匹敌。柔软的绿色苔藓覆盖着森林中的土地，珊瑚状的蓝色和红色真菌点缀着整个雨林。

这片雨林也是一些古老的无脊椎动物的栖息地，如栌蚕，它们已经存在了约 5 亿年。它们像狼一样成群捕猎，通过射出的黏液捕捉猎物。塔斯马尼亚岛也是毛茸茸的有袋类哺乳动物的家园，比如红腹袋鼠（看起来像一只微型袋鼠）、有斑点的小袋鼯，当然还有著名的袋獾。在塔斯马尼亚岛的温带雨林中，人们至今仍然能在这里发现并命名新的野生生物。

最大的好处

塔斯马尼亚岛温带雨林中高大而茂密的树木有助于这里生成氧气和形成降水。这里也是一些独特的自然资源的宝库，如泣松，它能提供金黄色的木材；还有亮叶银香茶，养蜂人靠它生产特殊的蜂蜜。

袋熊喜欢在温带雨林中的小溪附近建造自己的家，并以方块状的粪便闻名。

袋狼（也叫"塔斯马尼亚虎"）是最大的有袋类肉食动物，它们生存的历史可以追溯到 400 万年前。不幸的是，20 世纪 30 年代，人们认为袋狼会威胁牲畜，把它们猎杀殆尽了。

袋獾因为它的尖叫和咆哮声，又被称为"塔斯马尼亚恶魔"。

最大的威胁

塔斯马尼亚岛大部分的温带雨林受到了保护，但由于气候变化和过度砍伐，在未受保护的地区野火越来越多，已经威胁到这个生态系统。跟北美红杉不一样的是，这个生态系统经不起火灾的侵袭。研究表明，过去 40 年内遭受砍伐的森林比未被砍伐的森林遭遇了更多的灾难性火灾。这意味着维持联合国教科文组织认定的这片世界遗产地周围完整的生态系统至关重要。

顶级消费者
双髻鲨

软珊瑚

刺魟

绿海龟

海马

糠虾

蝴蝶鱼

红点珊瑚蟹

小丑鱼

浮游动物

鹦嘴鱼

豹纹鳃棘鲈

珊瑚虫

触手

藻类

刺尾鱼

虫黄藻

口

脑珊瑚

基板

章鱼

骨骼

棘冠海星

海胆

硬珊瑚

大堡礁生态系统

在澳大利亚东海岸绿宝石色的海水里分布着规模很大的生物栖息地——大堡礁。约 3000 座珊瑚礁形成了一个面积为 20.7 万平方千米的五彩缤纷的庞然大物。珊瑚礁看起来像一座令人眼花缭乱的海底森林，但实际上它是由数以千计的被称为珊瑚虫的小动物的骨骼遗留物组成的。珊瑚虫是一类透明的、有细小触手的湿滑生物，它们通常在夜间活动。珊瑚虫分泌钙质骨骼，形成了珊瑚礁坚硬的"骨架结构"。

珊瑚虫与它们的食物来源相互依存。这是一种叫"虫黄藻"的微小藻类，生活在珊瑚虫体内并进行光合作用。珊瑚虫通过虫黄藻的光合作用获得能量、氧气和必需的营养。正是这些微小的奇观赋予了珊瑚礁独特的明亮色彩。

大堡礁由几百种珊瑚组成，形成了各种形状和大小不同的彩色隧道和塔状结构。这些结构之间的角落和缝隙为成千上万的海洋动植物提供了最佳的生存环境。海马、刺魟、鲨鱼等热带鱼类和鲸，甚至在珊瑚礁上空飞行的海鸟都依赖大堡礁生存，使大堡礁成为整个海洋中生物多样性最高的生态系统。事实上，全世界的珊瑚礁只占全球海洋生态系统的 0.1%，却让地球上 25% 的海洋生物得以生存。

最大的好处

大堡礁不仅为成千上万的动植物提供生存所需，它本身的生态价值估计可达 1720 亿美元。大堡礁保护了澳大利亚免受暴雨和飓风的袭击，并为澳大利亚渔业和旅游业的发展提供了助力。

2016 年，大堡礁经历了有记录以来最严重的一次白化。糟糕的是，2017 年，大堡礁又经历了一次严重的白化。

大堡礁位于石灰岩岩层之上，这些石灰岩实际上是几千年前死亡的珊瑚的化石。

珊瑚特别明艳的颜色与和它共生的虫黄藻有很大的关系。虫黄藻本身的颜色是黄褐色的，它非常害怕紫外线。当阳光照射时，珊瑚为了保护虫黄藻，会激活自身的荧光蛋白和色蛋白，以此抵御紫外线。于是，珊瑚就呈现出多彩的颜色。

大砗磲可以重达 200 千克，存活 100 多年。

最大的威胁

气候变化正在导致全球珊瑚的白化。随着海洋温度的升高，过多的热量导致珊瑚虫的食

物来源——虫黄藻释放有毒的过氧化氢。这迫使珊瑚虫不得不释放出这些含毒的食物。如果没有虫黄藻，珊瑚虫就会经过白化过程变成白色。只有在珊瑚虫被饿死之前，把海水的温度降下来，才能停止珊瑚的白化过程，让它们留存下来。如果现在就采取行动减缓气候变化的步伐，我们还有机会保护这些珊瑚。

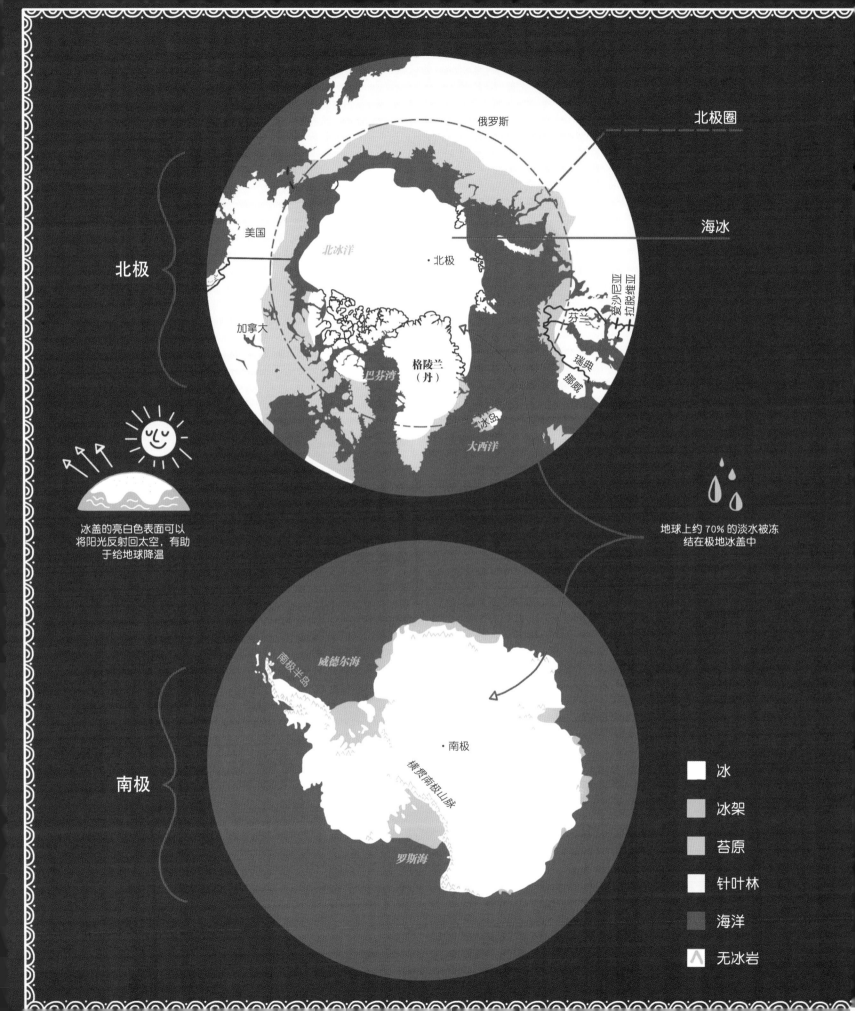

北极圈

海冰

俄罗斯

北极

美国

北冰洋

· 北极

加拿大

爱沙尼亚
拉脱维亚
芬兰

瑞典

挪威

巴芬湾

格陵兰
（丹）

冰岛

大西洋

冰盖的亮白色表面可以
将阳光反射回太空，有助
于给地球降温

地球上约 70% 的淡水被冻
结在极地冰盖中

南极半岛

威德尔海

· 南极

横贯南极山脉

南极

罗斯海

冰

冰架

苔原

针叶林

海洋

无冰岩

极地

北极地区和南极地区是离地球赤道最远的地方，也是地球上最冷的地方。这两个地方每年都会经历持续半年的极夜，大部分照射到极地冰盖上的阳光都被亮白色的冰雪反射回太空。尽管极地地区的环境极端恶劣，可是北冰洋和南极苔原仍是许多耐寒的野生动物的家园。

南极洲是一块被海洋包围的山地大陆，而北冰洋是一片被陆地包围的冰冻海洋。南极地区的温度比北极地区低得多。构成北极地区大部分区域的是海水，温度比冰盖高，并影响了整个北极地区的温度。南极大陆的大部分地区海拔超过了两千米。海拔越高，空气越冷，南极洲的海拔条件使它成为地球上最冷的地方。

全球变暖正在对两极产生负面影响。随着海洋变暖，北极的冰盖每年缩减得更多，而南极的冰盖则逐渐崩塌。冰盖面积越小，反射回太空的阳光就越少，这意味着更多的海洋将暴露在更多的阳光下，并吸收更多的阳光，这会使海洋进一步变暖。以前被冻结在大型极地冰川中的淡水正流入海洋中，导致全球海平面上升。科学家预测，这将影响全球气候模式和整个海洋的洋流系统。我们要做的就是更多地了解这些变化，并努力保护地球上的生态系统。

北极地区生态系统

地球的最北部就是北极地区。北极地区大部分是厚厚的海冰，上面覆盖着亮白色的雪。这种白色太亮了，80%的阳光都被它们反射回了太空。许多海冰全年都保持冰冻状态，但也有一些在夏天会融化，这时就会露出西北航道，这条海路是世界上最繁忙的贸易路线之一。

北极地区冬天的温度可以降到零下59摄氏度，尽管气候寒冷，北冰洋及周围的陆地却充满了生机。北极熊可能是北极地区最具代表性的动物了，它们在海冰上生活，是北极地区整个食物链的顶端部分。北极地区的动物种类太多了，如北极兔、海雀和虎鲸。许多动物把伪装作为一种生存的方法，如北极狐，它在夏天是棕色的，冬天则长了一身白色的毛，方便躲在雪里。海豹成熟后，会从白色变成深棕色，这样它们就可以更好地隐藏在阴暗的海水中了。

在温暖的季节，来自世界各地的动物迁徙到北极地区，享用海藻和浮游植物盛宴。从食物供给到气候调节，北极地区是保障全球生命的最重要的资源之一。

在温暖的季节，藻类进入繁盛期，灰鲸从墨西哥温暖的水域迁徙到北冰洋，享用随暖季藻类大规模生长而来的鱼群。

北极地区的极光是由太阳风与北极磁场相互作用产生的。

北极熊实际上长有黑色的皮肤和两层中空透明的毛。它们的毛可以反射光线，使它们看起来像周围的雪一样白。

由于地轴的倾斜，在冬天，北极地区要经历24小时完全黑暗的日子（称为"极夜"）；在夏天，要经历24小时全天都有阳光的日子（称为"极昼"）。

最大的好处

北极地区的海洋生物太多了。这里的鱼不仅为其他动物提供食物，也成为人类的食物。

北极地区也富含矿藏——在海底之下和周边的冰冻土地中分布着世界上最大的油田，已探知的油气储量约占地球未开采油气总量的30%。但是北极地区为整个地球带来的最大的好处可能是冰雪将太阳光反射回太空，这减少了地球吸收的热量并调节了全球气候。

最大的威胁

气候变化在北极地区的影响最为明显。曾经全年保持冻结状态的海冰正在减少。随着全球气温上升，冻结在冰川中几个世纪的淡水正在融化，进入海洋。这导致海平面上升，对岛屿和沿海城市产生了影响。随着冰盖面积的缩小，地球会变得越来越热。我们现在需要采取行动来阻止过多的二氧化碳排放，否则有一天，我们可能会感觉自己就像一头北极熊，漂浮在不断缩小的冰山上。

南极苔原生态系统

说到荒漠，你可能会联想到一个炎热、多沙、气候干燥的地方，但地球上最干燥的地方恰巧也是最寒冷的地方——南极大陆，它环绕着地球的南极点。这里的景观被描述为世界末日一般，虽然对人类来说这里不是一个好地方，但南极洲的海岸地区到处是依赖季节变化和周围冰冷海洋生存的生命。

1.7 亿多年前，南极大陆是冈瓦纳古陆的一部分，恐龙曾经在这里游荡。千百万年后，南极大陆从冈瓦纳古陆分裂出来，向南极点移动，变成了我们今天所知的冰冻大陆。科学家最近在南极洲发现了古代的树木化石，这意味着很久以前，南极洲曾经有森林分布，经过演化，这里森林中的树木能适应 6 个月几乎完全黑暗的环境。化石和深层的地下含水层让我们看到古代南极洲的部分样貌。

今天，一提到南极洲，人们首先就会想到企鹅。从长着金黄色浓密眉毛的长眉企鹅到高大又尊贵的帝企鹅，这些独特的、不会飞的鸟类聚集在南极洲的沿海地区，但它们只是南极洲复杂的食物网的一部分。和北极地区的食物网一样，冷冻的藻类是南极地区食物链的基础。夏天，冰层融化，浮游植物大量繁殖，供养了大量的磷虾。这又吸引了海鸟、海豹和鲸迁徙过来，把南极地区的海洋变成了很多捕食者的狩猎场。

南极洲不属于任何国家和地区，也没有永久居住的人类，只在特定时期内有游客和科学家来到这里。这里是世界上最原始的荒野，第一位到南极极点的人罗阿尔德·阿蒙森形容这片土地是"童话世界"。

最大的好处

北极地区和南极地区有很多共同之处。就像北极地区的藻类生长繁盛一样，南极洲的植物也是食物网的基础，让遍布海洋的动物得以生存。和北极地区一样，这里面积广大的白色地表将阳光反射回太空，有助于降低气温和调节地球的气候。

1959 年，《南极条约》签署，条约规定南极将只用于和平目的与科学研究，所有发现将被自由分享。现在有 56 个国家加入了该条约。

在南极洲的岩石上生长着许多苔藓，但是只有 3 种开花植物能够在这片大陆上存活：南极漆姑草、南极发草和一种一年生的早熟禾。

据估计，在南极洲东部生活着 600 多万只阿德利企鹅。

自 1950 年以来，南极半岛每 10 年变暖 0.5 摄氏度。这比全球升温要快得多。

最大的威胁

人类尽管没有在南极洲永久居住，但仍对这里的生态系统有重要影响。气候变化正在导致南极冰架间的裂缝变大。

在 2017 年，相当于美国特拉华州面积大小的冰川崩裂，形成了有史以来最大的一座冰山。现在，它漂浮在海洋中，逐渐融化。冰川崩裂会导致整个冰架变得不稳定。如果南极洲的冰层全部融化，科学家估计海平面可能会上升约 60 米，很可能淹没世界各地的海岸地区。

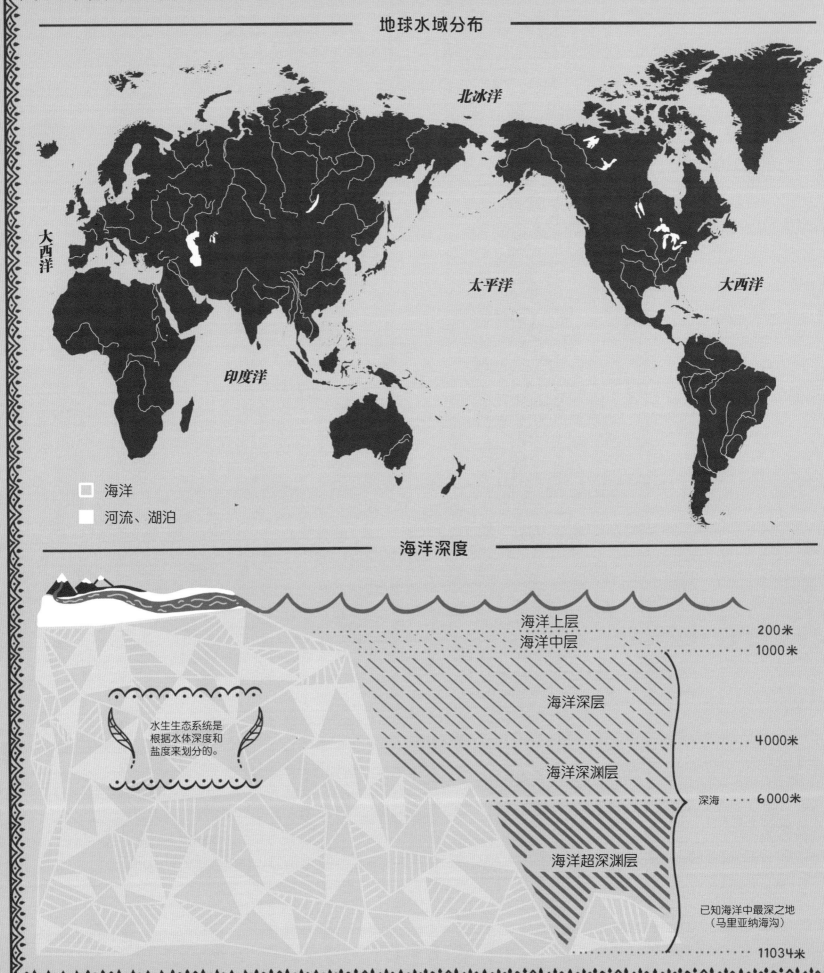

地球水域分布

北冰洋

大西洋

印度洋

太平洋

大西洋

□ 海洋
■ 河流、湖泊

海洋深度

水生生态系统是根据水体深度和盐度来划分的。

海洋上层 ······ 200米
海洋中层 ······ 1000米

海洋深层 ······ 4000米

海洋深渊层

深海 ····· 6000米

海洋超深渊层

已知海洋中最深之地（马里亚纳海沟）

11034米

水生生态系统

你看电影时哭过吗？在炎热的天气里，你是不是很想喝一杯凉水？地球上所有的动物和植物都在不断地消耗和排泄水分。古代地球的原始水域是第一个单细胞生物演化的地方。所有的生物都依赖水在地球生态系统的循环而获取水分。甚至在几乎没有水的地方，动植物也等待着罕见的降雨，寻找着地下含水层，有些动物靠取食含水的植物来获取水分。海洋生物学家西尔维娅·厄尔说："即使你永远没有机会看到或触摸海洋，海洋也会以你吸入的每一口空气、喝的每一滴水、吃掉的每一口食物的形式来触摸你。每个人、每个地方都与海洋有着千丝万缕的联系，并依赖海洋。"

因此，水生生态系统是全世界最宝贵、最具生产力的生态系统之一。在海洋中发现的丰富生命供养着整个世界。所有这些植物和动物是我们许多全球食物网的基础。但海洋不只是食物的来源，水生生态系统中的植物产生了地球大气中超过一半的氧气。从海洋中蒸发出来的水变成雨水等降落到地面，即使在世界上最干燥的地方，也有降水。没有海洋，我们无法生存。

尽管海洋、湖泊和其他水生生态系统看起来像是取之不竭的，但我们的世界，资源比想象中要有限得多。随着人口的增长，污染和过度捕捞正在破坏许多重要的水生生态系统。在世界各地流动的水支持着这个星球上的生命，保护它们应该是我们的首要任务。

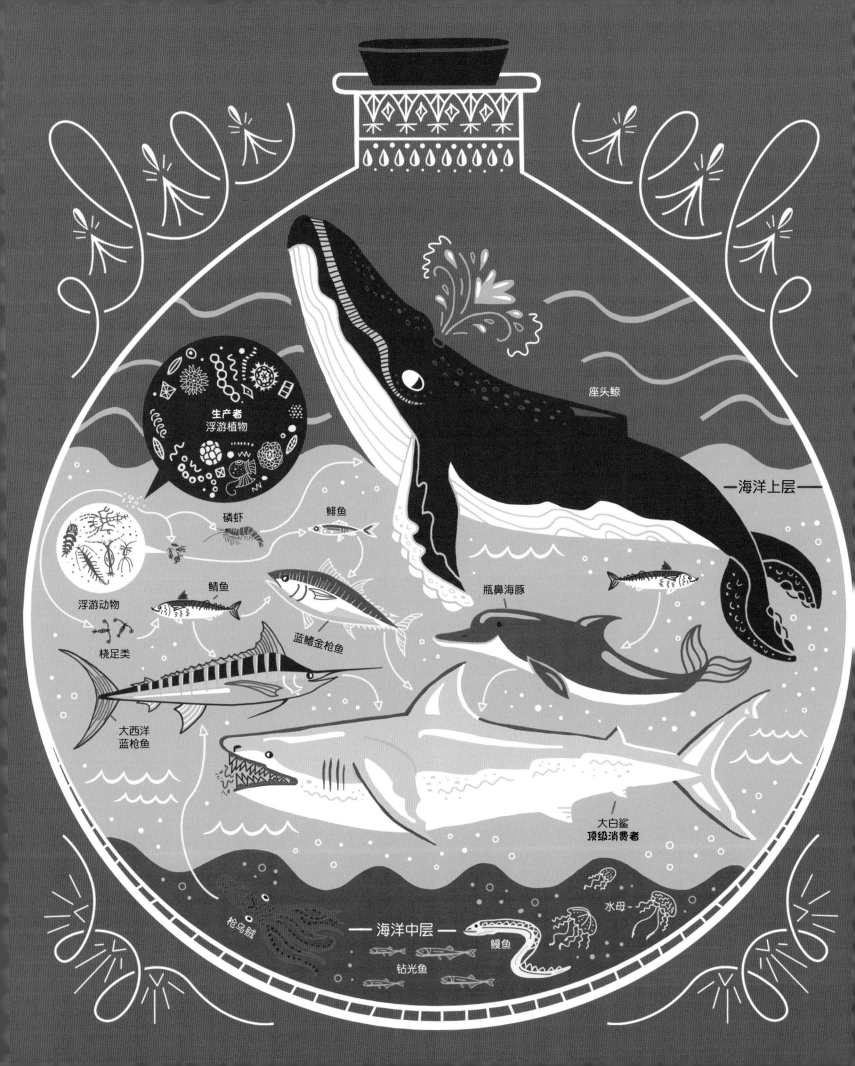

远洋生态系统

海洋中的远洋水域被称作"巨大的蓝色荒漠"。在拥挤的近海水域尽头，辽阔的远洋水域开始出现，它覆盖了70%以上的地球表面。尽管无冰的远洋水域占据了地球表面最大的区域，但只有10%的海洋生物生活在那里。在远洋中，营养物质很少，因为死亡的物质沉入海底彻底分解了。然而，海洋表层有一类叫作"浮游植物"的微小生物，它们工作勤勉，通过光合作用产生氧气，几乎是整个海洋食物链的基础。有时，上升流或风暴会把海洋底部的营养物质带到海面，造成藻类的大量繁殖，随后海洋动物就会赶来疯狂进食。

把远洋水域当作家的动物必须强壮并能快速移动。它们要从海洋的一端游到另一端，寻找食物和交配的场所。洋流就像是水下的河流，像鲸、海豚和海龟这样强壮的游泳者可以在洋流中前行。在海洋表层之下是光线暗淡的海洋中层，在那里动物们已经演化成了"隐身者"。生活在这一水域的昼行性动物通常会来到海洋浅层，取食植物或生物残体。在夜晚，海洋中层的捕食者会游向水面捕食猎物，它们通常会用荧光引诱猎物。

海洋似乎无边无际，但它的资源也不是取之不尽、用之不竭的。如果我们希望为后代保护海洋，就要负起责任，可持续地从海洋中获得生态收益。

最大的好处

辽阔的远洋水域是整个世界跳动的心脏。深蓝色的海水吸收了一半以上辐射到地球的太阳热量，而海水的蒸发对于形成降水至关重要，这些降水将淡水分配到世界各地。不同的冷暖洋流也控制着整个地球的天气模式和气候。最重要的是，海水表层生活着的浮游植物产生了大气中一半以上的氧气。

蓝鳍金枪鱼可以像跑车一样加速，它的游行速度可以达到每小时75千米。

在远洋水域中生活的甲壳类动物和鱿鱼有着透明的躯体，可以让自己与周围环境融为一体。

大太平洋垃圾带是全球最大的海洋垃圾浮积区，面积约160万平方千米。美国和日本之间的洋流将海洋中的垃圾带到这里。它是海洋中众多"垃圾旋涡"之一。

大多数生活在深海的动物一生都未见过陆地。

陆地是什么？

最大的威胁

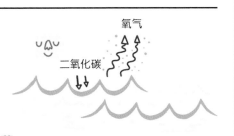

农药和石油泄漏污染了我们的海洋，破坏了这里的生态系统，形成了像墨西哥湾和波罗的海那样的死亡地带。每年有成吨的垃圾被排进海里，危害海洋生物。过度捕捞也是一个主要问题。现在，人类的捕捞规模是海洋生态系统所能承受的2倍。世界上约32%的渔业资源被过度开发并耗尽。不过，我们可以通过建立海洋保护区、改进废弃物管理和实施可持续捕捞来改善这些问题。

幼鱼

深海生态系统

你可以想象这样一个地方：那里的大气压力比海平面处大 400 倍以上，没有阳光，长着尖牙、眼睛巨大、身体发着光的奇怪生物在黑暗中游动。虽然这听起来像是科幻小说中的描写，但它就在地球上，就在几千米深的海洋中，这是一个没有阳光的深渊。海下越深、水越多的地方，产生的压力越大。只有特殊的设备和潜艇才能在不发生内爆的情况下承受如此巨大的压力，这使得深海成为世界上最少被探索的地方之一。

植物依靠太阳光进行光合作用是大多数食物链的基础。因此在过去，科学家们假设，由于深海中没有太阳光，所以没有生命。但是在探索深海时，科学家们发现这里实际上充满了生命。海底的热液喷口从地核喷出矿物和能量。在深海中发现的微生物可以通过一种叫作"化能合成"的过程利用水中的矿物产生营养物质，生成能量。生活在这一深度的海洋动物已经演化出能够承受黑暗、寒冷海水和深海巨大压力的适应性特征。巨型的管蠕虫和缨鳃虫以热液喷口附近的微生物为食，又被热液喷口附近的螃蟹吃掉。在全世界的深海中发现的其他奇怪动物还包括皱鳃鲨（这是一种"活化石"）、会发光的蝰鱼，还有眼睛占身体的比例最大的动物——幽灵蛸。像深海鳕鱼和端足类动物这样的食腐动物会吃掉沉入深渊区的动物尸体。现在，在地球的最深处仍有许多值得探索的地方。

最大的好处

海底的火山爆发比地球上任何地方都频繁。水下数千米处的火山将来自地核的热能分散到世界各地，还有助于形成岛屿和塑造不断变化的地球表面。

水下深度每增加 10 米，就会增加 1 个标准大气压。这意味着马里亚纳海沟的水压约为 1100 个标准大气压。

甘氏巨螯蟹被认为是地球上最大的节肢动物。

深海中的热液喷口喷出了像白色羊毛一样的絮状物质，这意味着细菌可能存在于地壳之下。

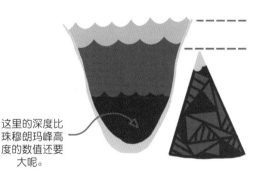

马里亚纳海沟是现在已知的海洋最深处，位于水下约 11000 米处。

这里的深度比珠穆朗玛峰高度的数值还要大呢。

最大的威胁

过度捕捞和破坏行为正在危害海洋，甚至在最偏远的深海也会受到影响。海底拖网捕鱼是一种不加分别地把沿途的一切都毁灭的捕鱼方法。这种不负责任的做法破坏了深海珊瑚，杀死了我们不吃的鱼类，影响了整个生态系统。深海没有管制，因此过度捕捞猖獗。如果商业深海捕鱼在鱼类的产卵区开展，就会导致鱼类没有繁殖的机会。这意味着从长远看，人类的渔业资源将会越来越少。

水源（河流源头）

鹗

驼鹿

河漫滩

水生植物

河道

支流

水獭

浮游植物和藻类

河岸

林鸳鸯

慈姑

掉落的橡子和树叶

蓝鳃太阳鱼

浮游动物

小鱼

蜻蜓

蜉蝣

小鱼

虹鳟

三角洲

海洋

螯虾

蛙

扁头鲶

分解者

地下水

河口

河流生态系统

如果说海洋是我们星球跳动的心脏，那么河流就是它的血脉。淡水对地球上的大多数生命都至关重要，众多河流网络将这一重要资源运输到世界各地。河流发源于各种降水积聚的地方，如冰川、雪山顶或古老的地下泉。河流也发源于人类容易获得淡水的那些地方，如湖泊和湿地。在这些地方，径流积聚起来，汇聚成一条条河流。河流交织、汇合，又形成了支流。

人类依靠河流提供的各类自然资源生存、发展，又对河流进行改造，利用水和水的流动作为工具和能量来源。我们为发展农业生产，建造了水坝、运河和灌溉系统。在人类历史上，河流提供了运输、贸易和勘探的路径。几乎所有的大城市都建在河边。从古埃及法老在尼罗河附近建立的灿烂文明，到中国明朝开始繁荣的长江三角洲地区，再到如今仍依赖泰晤士河的伦敦，河流让人们得以在地球上繁衍生息。

最大的好处

河流为整个地球上的生态系统提供了淡水。全世界的人类和动物都可以通过河流来获取淡水和食物。纵观人类历史，河流中的淡水被用来灌溉农作物。河流也是一种能源，流动的河水所蕴含的动能和势能可以被储存起来供日后使用。河流流经陆地时，会带走陆地上的矿物，为生态系统提供营养，这些矿物最终会进入海洋。

河流中的大部分河水都在看不见的地下流动，有时比表面处的流速更快。

中国最长的河流——长江为大熊猫和白鹤等动物的生存环境提供支撑。

河流中的大多数动物只生活在淡水中，除了一些特殊的动物，如鲑鱼，它们成年后一直生活在海洋中，但到了繁殖期会向河流上游游动，在淡水中产卵。

最大的威胁

洪水和水流侵蚀是河流生态系统的自然状态和健康状态的组成部分。但如果规划不合理的建设活动干扰了自然形成的洪水，洪水可能会变成灾难性的。污染和过度捕捞也会破坏河流生态系统和附近的生物群落。地下水中的污染物会随着河流进入海洋，污染我们星球的"心脏"。只有通过适当的管理和利用生态学知识，我们才能保持河流的健康和多产。

湖泊生态系统

水覆盖了将近 3/4 的地球表面，但是大部分水太咸了，不能饮用，而大部分淡水又被冻结在冰川中或是储存在地下。幸运的是，还有湖泊。从最冷的雪山山顶到看起来贫瘠的沙漠，在每一个大陆和各种气候条件下都能找到湖泊，甚至包括严寒的南极地区，比如冻结的沃斯托克湖。当淡水充满地球表面的盆地时，就会形成湖泊。和北美洲的五大湖一样，许多湖泊是在 1.8 万年前的冰期末期形成的，当时大冰原和冰川开始融化。随着冰雪融化逐渐加剧，这些巨大的冰层慢慢地从地球的极地地区滑走，融化的水填满了世界各地的盆地和火山口。还有一些湖泊是由雨水落入火山口或由地震形成的碗状凹陷中充满水形成的。

湖泊中包含着生态系统，不同湖泊包含的生态系统可能有很大的不同。决定湖泊生态构成的主要因素是它接触的阳光、风、温度，以及湖水的化学平衡和酸碱平衡。在每一个湖泊中发现的野生生物都演化成了在它们家园的特定条件下生存的动物。同样重要的还有，所有湖泊都要有适当的氮磷平衡，以促进植物生长。这些营养物太少意味着不会有生命，过多的磷或氮又会导致藻类的生长失控。浮在湖面的绿藻可以占据整个湖面，使其他生物无法生存。通过了解各个湖泊的平衡状态和特征，我们可以更好地保护它们和保持它们的健康。

最大的好处

像河流一样，湖泊也为我们提供了饮用水、农业用水和交通路径。与海洋一样，它也是商业捕捞依赖的多种水生生物的来源。来自大型湖泊的冷气团有助于调节温度。湖泊中的淡水和水生生物供养着人类和动物群落，数以百万计的人依靠湖泊生存。

季节变化时，上下层的湖水会发生混合。当湖泊表层水冷却下来时，它会沉到湖泊底部，而含有更多物质的深层水会上升到湖泊顶部。

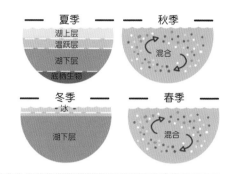

许多湖泊在充满雨水的不活跃的火山口处形成。

池塘和湖泊之间的区别在于大小。许多人把一些较浅的小水体归类为池塘。

湖泊可以是封闭的，也可以是大河的源头。许多封闭的湖泊经过数千年的蒸发，盐度变得比海洋的还要高。

干涸的湖床非常适合寻找化石。

最大的威胁

湖泊中有自然的生命循环。随着时间的推移，死去的动植物会被分解并沉入湖底形成沉积物。最终，这些沉积物会填满整个湖泊，直到湖泊变成沼泽。有的湖泊确实会在数千年间自然干涸，但人类活动和不合理的建设会加快这一进程，导致湖泊在数十年内就干涸了。这对于野生生物而言太快了，它们无法适应这种改变。另一个威胁是污染改变了湖泊的化学环境，导致湖泊中绿藻的大量生长。大面积的绿藻浮层会阻挡阳光，耗尽水中的氧气，把湖泊变成死亡地带，在那里什么也不能生存。

自然界中的循环

　　我们通过食物网来获得重要的营养物质，但食物网只是自然界中的循环的一部分。水循环、碳循环和氮循环是生态系统物质循环的主体。这些循环为我们提供了食物、能量和淡水，使土壤肥沃，并调节气候。无论是来自天空中的雨水、我们骨骼中的碳，还是我们脚下的泥土，都是这些循环中的一部分，它们使地球上的生命得以繁衍生息。

　　营养物质和其他物质的分子，如氧、碳和水，可以储存在贮存器中。有些贮存器贮存营养物质的时间很短，而另一些贮存器贮存营养物质的时间则长达几个世纪。例如，湖泊就可以是一个贮存时间相对较短的水资源贮存器。只需要一次炎热的天气，水分子（H_2O）就能通过蒸发作用，回到大气中，然后再以雨的形式返回地面。同时，冰川作为长期的水贮存器，将水以冰的形式储存了几个世纪。过快地释放过多的贮存资源会对我们的全球生态系统产生负面影响。我们需要了解这些不同的贮存器，并对保持这些重要循环的微妙平衡担负起责任。

碳循环

你能想到的每一个生物都是由碳构成的。你、你的狗、草坪上的草和地上的虫子都是碳基生命。不仅地球上的每一个生物都以碳为基础，我们还依靠碳循环来进行呼吸和调节气候。碳循环依赖藻类和植物（生产者），它们吸收大气中的二氧化碳（CO_2）并利用光合作用将二氧化碳转化为糖类。在这个过程中，二氧化碳被吸收，氧气被释放到大气中。糖类是植物储存能量的物质。当植物被食用时，它们储存的能量就通过食物网开始了它们的循环旅程。

碳在动植物体内储存了一段时间，其中一些变成粪便或其他废物。最终，生物死亡，它们体内的碳被分解者分解。废物和死亡动植物的残体都是食物网的一部分，当被细菌、真菌等分解者分解后，这些碳就成为植物所需要的营养丰富的土壤的一部分。这就是农民使用肥料或堆肥帮助作物生长的原因之一。

碳是糖类分子的重要组成部分，糖类分子是一种可以储存能量的物质。生物需要利用这种能量完成一个复杂的过程，这个过程被称为细胞呼吸。在细胞呼吸的过程中，二氧化碳被释放回大气中。光合作用是产生并储存能量的过程，细胞呼吸是利用这种能量的过程。光合作用只能由植物和其他生产者完成，这个过程会利用二氧化碳，同时将氧气作为副产品释放到空气中。大多数生物都可以完成细胞呼吸，这个过程通常会利用氧气，同时将二氧化碳作为副产品释放到空气中。

氧气和碳的循环使我们有充足的可呼吸的空气，调节全球温度，平衡海洋的酸碱度并有助于保持土壤的肥沃。但某些人类活动正在扰乱碳循环的平衡。大量燃烧的化石燃料正在向大气中释放比以往任何时候都要多的二氧化碳，导致全球的气候变化，并改变了全球生态系统。因此，了解碳循环的平衡对于保护我们的星球至关重要。

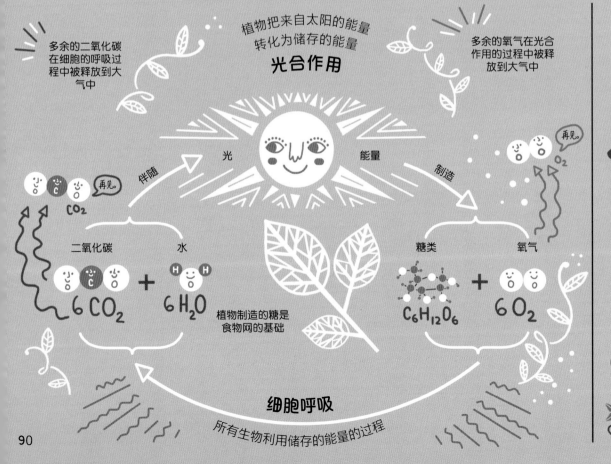

氮循环

氮约占空气体积的 78%，是蛋白质和脱氧核糖核酸（DNA）的重要组成部分。虽然我们周围的大气中到处都是氮，但是动植物不能直接吸收、利用空气中的氮。氮通常是以氮气的形式存在，氮气分子中的两个氮原子紧密结合在一起。幸运的是，某些细菌可以"固定"这种"倔强"的分子，使动植物可以利用它。

所有生物都依赖一种叫作"固氮作用"的过程生存，这一过程是将氮气（N_2）转化为植物可以吸收的化合物。这种转化是由生活在土壤中的一些特定种类的微生物、生活在水中的特定种类蓝藻，以及生活在某些豆科植物根瘤中的微生物完成的。通过几个转化过程，微生物将氮气转化为植物喜欢的原子团，比如硝酸根（NO_3^-）。某些植物，如水稻，也能以铵（NH_4^+）的形式吸收氮。

氮一旦被植物吸收，就可以被食物网的其他成员吸收。当消费者吃植物（然后被其他动物吃）时，氮也会被传递和使用。当细菌分解死亡的有机物和废物时，氮化合物就再次返回土壤。植物可以再次吸收这些循环中的已被分解的氮。

当另一些反硝化细菌将硝酸盐转化为大气中纯的氮气（N_2）时，氮循环就完成了。这些氮气分子返回大气层，直到下一个循环再次开始。

氮氮三键太强了，除了固氮作用，自然界只有一种方法可以将它们分开——闪电。闪电中的能量能"固定"少量植物可以利用的氮气。此外，我们还研发出人工分解氮来制造肥料帮助植物生长的方法，并建立了大型农场来养活我们不断增长的人口。

氮气约占地球大气体积的 78%

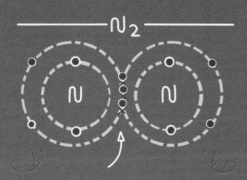

氮气以氮氮三键的形式存在，这使得它很难断裂

火山喷发和工厂、汽车燃烧化石燃料向大气中排放了大量的氮气。过量的氮会导致烟雾和酸雨，产生侵蚀作用并污染空气。

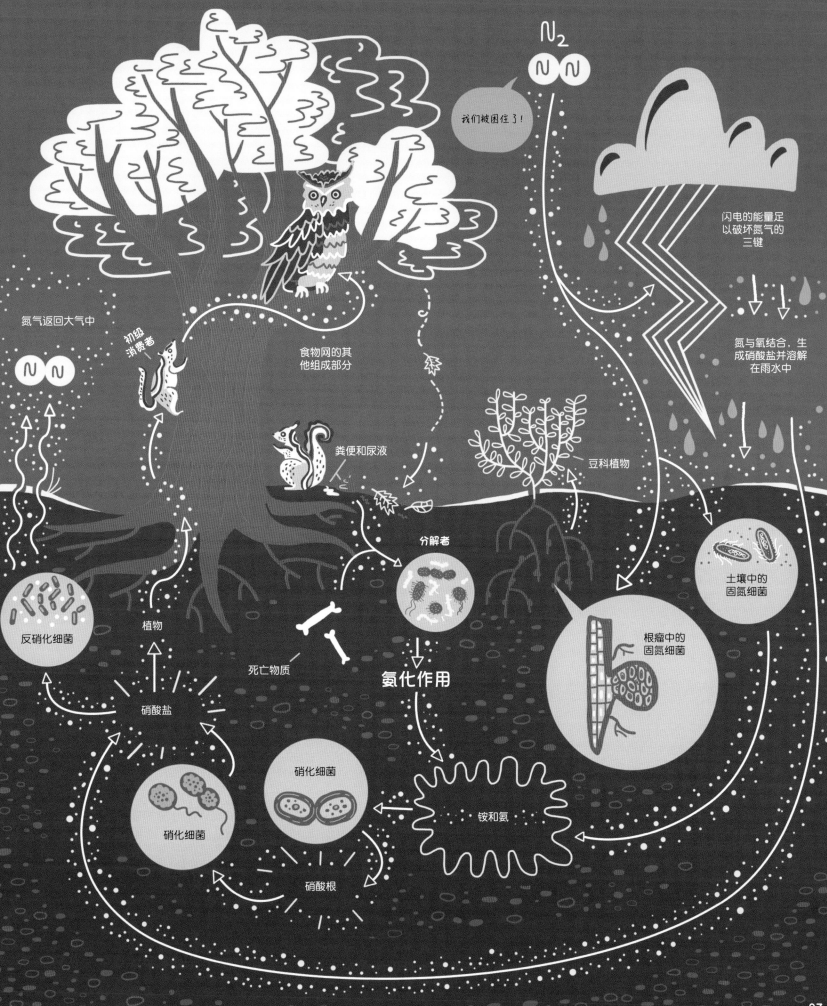

磷循环

像氮一样，磷也是所有的生物体构建脱氧核糖核酸（DNA）所需要的构成要素，DNA是一种告诉我们的细胞该做什么的遗传密码。磷被固定在地下的沉积岩中，沉积岩是由死亡的动植物遗体经历数百万年时间形成的。然后，这些岩石的表层部分会被风化，或者被磷细菌分解。接着，磷溶解在水中或者渗入土壤，被植物吸收并被传递到食物网的其他部分。动物和人都要吃食物，这样磷就成为DNA的一部分。最终，植物和动物都会死亡，并被细菌等分解者分解。

大部分磷返回土壤，再次被植物吸收。磷原子可以在食物网所在的生物系统中循环。有时，死去的动物或植物会下沉到海洋深处，那里的环境非常恶劣，几乎没有分解者来分解它们。随着时间的流逝，压力会把死亡的有机体变成沉积岩。千万年后，岩石露出水面并逐渐风化，循环又开始了。如你所见，磷岩出现了。

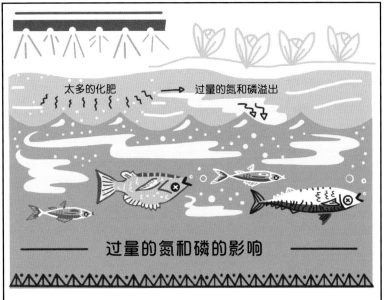

太多的化肥 → 过量的氮和磷溢出

过量的氮和磷的影响

磷和氮对地球上的生命至关重要，但植物很难获取，这就是为什么人们要发明肥料，人为地使土壤恢复活力，确保植物生长。肥料的使用有助于养活地球上不断增长的人口，这真是太重要了！但好东西过量也是有危险的。流入径流的肥料已经破坏了我们的生态系统中的平衡，在海洋中形成了死亡地带。我们现在需要改变农业生产中使用肥料的方式，防止农业生产中过量的肥料随着径流进入海洋，这样才能把这种污染降到最低。

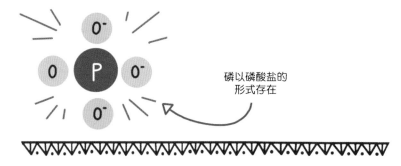

磷以磷酸盐的形式存在

一个磷原子完成它的一次循环大概需要10万年

磷落到一个没有生命的地方

磷溶于水

水生食物网

经过很长的时间，压力使磷成为岩层的一部分

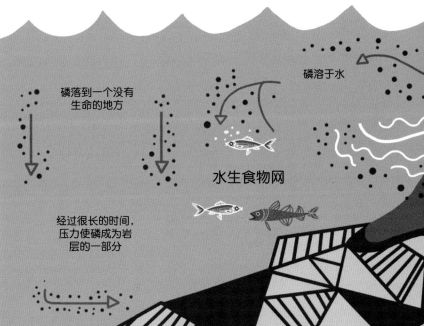

磷通过植物进入
食物网

动植物残体和
排泄物

磷

细菌分解废
物和动植物
残体

水土流失

植物吸收磷

磷进入土壤

磷进入土壤

磷从地下深处的岩
石中渗入土壤

磷被固定在岩石中

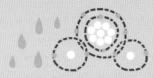

水循环

无论你是在阳光明媚的日子喝一杯凉爽的冰水，还是因为下雨被淋成"落汤鸡"，你都感受到了水循环的作用。水（H_2O）覆盖了地球表面超过 70% 的面积，约占我们体重的 60%。尽管水随处可见，但饮用水实际上是一种稀缺资源。我们要依靠水循环来过滤和分配全球的淡水。

最终，陆地上的水会汇集到海洋。当太阳加热海洋表层时，水分子便蒸发到空气中，留下的盐分或矿物使海水变得不可饮用。蒸发的淡水在空中凝结成云。云就像天上的淡水蓄水池，遍布世界各地。当云中的水分变得太重时，重力会把淡水以雨、雪，甚至冰雹的形式带回地球表面，从而完成淡水的分配。这样，植物、动物和人们都有水喝了。

由于太阳的热量，有些水会立即蒸发，有些水则以冰的形式被冻结在山顶上，还有些水被重力牵引，渗入了地下。随着时间的推移，土壤中的水分被植物或动物利用，或者慢慢地渗入地下深处，回到海洋中。山中的冰雪慢慢融化，为流向海洋的溪流和河流提供了水源。河流和地下的径流将盐和其他矿物运入海洋。淡水的不断蒸发和岩石的风化作用都会使海水变咸。

被植物吸收又被人类和动物摄取的水也是水循环的一部分。当我们出汗时，那些没有通过尿液排泄出来的物质会从我们的身体蒸发掉，或者以水蒸气的形式通过呼吸释放掉。水以气体的形式离开植物，这一过程被称为"蒸腾作用"。

在一些地区，似乎到处都是可饮用的水。然而，全球超过 20 亿人无法定期获得清洁的饮用水。水资源短缺主要是由干旱地区水资源的不足，以及缺少进口水资源所需的资金共同造成的。另一些水资源短缺纯粹是由经济条件造成的，例如有的地方被水包围，却没有资源来挖井或对水资源进行卫生处理。我们需要共同思考可持续地利用水资源的方式，以及如何才能公平地分配水资源。

冰川

融化物

蒸发

湖泊

地表径流

地下水

卷积云

卷云

高积云

高层云

凝结（云）

热量

积雨云

层积云

降水（天气）

积云　　　层云

蒸腾作用
（来自植物）

蒸发（水蒸气）

河流

海洋

H₂O

地下含水层

植物参与的循环

我们的生存依赖植物朋友。无论是高大的橡树，还是微小的浮游植物，植物是最主要的能直接从太阳获取能量的生物。通过光合作用，植物利用阳光，将二氧化碳和水结合起来，形成糖类。植物利用糖类储存能量（就像你吃了食物），来构建自己的身体结构。光合作用中释放的"废物"就是氧气，植物是我们呼吸所必需的氧气的天然制造者。

植物利用阳光制造食物的能力，使它们成为几乎所有食物网的起点。此外，它们还通过吸收土壤中的重要营养物质，将这些营养物质传递到食物网中，完成它们的循环。当我们吃植物或是吃以植物为食的动物时，能量和营养物质就会传递给我们。植物的根还有助于保护我们脚下的土壤免受侵蚀，保护海岸免受潮水的侵袭。我们生活的世界，我们吃的食物，我们呼吸的空气，等等，都是由于植物的存在而存在的。

种子萌发的过程

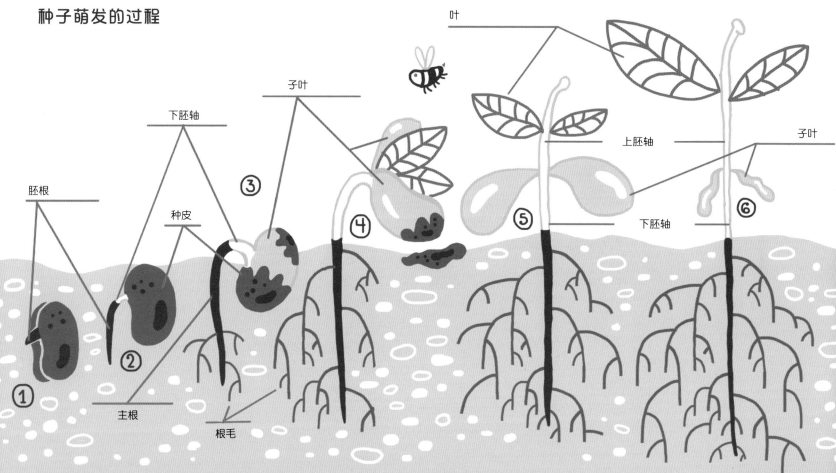

植物需要的大量营养素

花瓣

雄蕊

柱头
花柱
子房
胚珠

雌蕊

顶芽

叶柄

中脉

叶脉

萼片

花托

叶
水蒸气
(H₂O)
叶的蒸腾作用

花粉

O₂
释放

光能
把 CO₂
和 H₂O
制造成储存能量的
糖类

维管组织

光能

气孔

叶绿体

营养枝

茎

茎干系统

土壤

初生根

侧根

根系

水
(H₂O)

根尖

根冠

人类和地球

从许多方面来说，人类都是地球上非常独特的一种动物。人类已经从在山洞里生活，靠狩猎和采集搜寻食物，发展成了能够随手点一个外卖比萨，人都不需要离开沙发，比萨就送到家了。人类能够在月球上行走，还创造了人工智能来帮助我们解决极其复杂的问题。我们已经开发出成熟的技术，使我们能够相对快速地在世界各地旅行，而且只需点击一个按钮就可以与任何地方的任何人进行交流。人类共同改变了地球上的景观，为自己建造居住地，为我们不断增长的人口提供充足的食物。我们的祖先可能难以想象当今世界上的许多人都拥有安全、舒适的生活环境和如此先进的技术。

尽管我们创造了很多，但仍然有一些东西是只有大自然才能提供给我们的。在我们周围，生态系统以风能、水力和太阳能的形式为我们提供能量。千万年的分解作用已经把碳转化成煤或其他化石燃料，我们可以从大自然中获取这些能源用来开车和取暖。生态系统还是全球的清洁工，将垃圾和死去的生物分解成各种营养物质，使我们的土壤可以种植新的农作物和其他植物。一些生态系统中的植物可以防范洪水，保护海岸免受侵蚀。完整的、具有丰富生物多样性的生态系统甚至可以从自然灾害中恢复过来，并自我"治愈"。经济学家估计，世界上的自然生态系统每年的产值超过 150 万亿美元。但是，谁能为可呼吸的空气、可饮用的淡水、营养丰富的土壤和宜居的地球定一个价格呢？为了人类的发展，人们还要继续建造奇迹般的城市和大型农场，但同时我们也需要采取措施，保护自然世界，以便它能继续工作。

 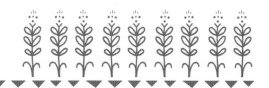

人类文明的产生都可以归结到食物的生产方式。在有历史记录之前，人类唯一得到食物的方法就是自己寻找食物。我们的祖先以采摘和打猎为生，不断地寻找新的植物和动物来填饱肚子。但在冰期之后的某个时候，世界各地的部落开始种植农作物。农耕使食物产生了盈余，有了更多的食物意味着人们可以花更多的时间去做其他工作。人们开始在这些新建的农田周围定居，从事新的工作，比如发明和制造新的工具。这造就了科技的繁荣。人们推出新的耕作方法，以生产更多的作物。人们开始改造他们周围的土地，耕耘土地，灌溉作物，有选择地培育对他们最有利的动植物。大规模的文明和城市开始出现。

现在，新技术能满足快速增长的人口的需求。机器被用于松土、种植作物和收获，可以通过基因选择技术来提高作物的抗旱性和抗虫性，肥料可以提高土壤的生产力。我们的食物可以在全球各地生产并运输到世界各地。尽管有这些进步，但农业生产的发展仍然依赖有限的自然资源。

可持续农业意味着农业生产可以养活不断增长的人口，同时为未来保留健康的自然环境。当我们要养活大量人口时，需要克服的主要困难是土壤营养的耗尽、过度用水和使用化石燃料来运行农业机器。

生物多样性在农业中和在荒野中一样重要。尽管大面积种植一种植物有好处，而且对农民来说更容易管理，但这会耗尽土壤的营养，人们在农业生产中不得不严重依赖化学肥料。过度使用化肥会污染地下水，进而污染我们的海洋。当农田中只种植一种植物时，整个生态系统就变得更容易受病虫害的影响，这时就需要更多的杀虫剂，也抵抗不了天气的剧烈变化。

当农业生产包含多种动植物时，一个完整的生态系统的自然效益就会显现出来。不同的植物从土壤中吸收不同的营养物质。通过轮作，农民可以利用自然方法保持土壤肥沃，从而避免土壤肥力的过度消耗。种植覆盖作物，使用堆肥和动物粪便做肥料也可以减少对化肥的需求。某些植物甚至能抵御害虫，这样就可以减少杀虫剂的使用。生物多样性还有助于节约用水：通过种植抗旱植物和减少灌溉用水量的方法，我们可以节约大量的灌溉用水。每一个地区的植物都有自己的特性，可以帮助当地土壤保持肥沃和湿润。引入本地的草和树木往往有助于农业生产变得更加可持续。

我们使用化石燃料来驱动那些帮助我们生产食物和把它们运往世界各地的机器，因此即使是一根商业种植的胡萝卜也有碳足迹（各组织、机构、个人以及各项活动、产品等在报告期内引起的各项温室气体排放的集合）。最终，我们的石油储备会耗尽，但我们对食物的需求不会停止。越来越多的人生活在城市里，把食物送到人们需要的地方和食物的生产一样重要。高油价导致新鲜、健康的食品价格上涨，在城市中的贫困地区形成了"食物沙漠"，而这些地区又往往缺乏大型食品市场。在世界各地都可以找到食物沙漠，那里的人们缺乏新鲜的水果或蔬菜供应。技术上的进步，如电动发动机和替代能源的出现，是整个世界的正常运转所必需的。

当新技术和我们的生态学知识结合在一起时，我们就可以利用它们养活我们不断增长的人口，同时也可以保护我们的星球。

城市

地球上的每一个生物都有它的栖息地或家园，包括我们人类。我们的远古祖先为了躲避天敌和恶劣的天气，生活在山洞里。随着人类的发展和进步，我们的家园也在变化。无论是帐篷、棚屋、小木屋还是摩天大楼，人类建造的建筑都能保护我们免受恶劣天气的侵袭，并提供我们赖以生存的各种条件。现在，人类已经改变了地球上的大部分地区，创造了专门为人类的舒适生活而设计、建造的栖息地。

城市的样式和大小各不相同，由居住在那里的人们决定。有些城市看起来更像一个村庄，而不是一个"混凝土丛林"。现在，世界上超过一半的人生活在城市里。为了维持这些人的生活，城市需要复杂的基础设施，比如输送电力和通信信号的线路及各种管道和垃圾处理系统。电线和通信光缆网络铺设在地下、空中和海底，以供需要电能和使用互联网的地方使用。很多大城市修建了公路和地铁系统，人们可以很容易地出行和运输货物。在一些不发达地区，并不是每个人都能获得清洁的水、食物和必要的基础设施。

现在，城市的建造方式使它不支持野生动物与人类共存。城市中的生物多样性可能很低，但仍能在这里发现野生动物。在一些城市，看到鸽子、老鼠并不稀奇。也有一些意想不到的动物以新的方式利用城市里不寻常的生态系统。在高崖筑巢的游隼现在已经可以在摩天大楼上筑巢和生活。猕猴在印度城市的市场里觅食。而在法国的阿尔比，通常待在池塘底部的鲶鱼，会从水里跳出来捕食附近毫无戒心的鸽子。

随着人口的增长，我们的城市也在扩大。街道、栅栏和墙壁切断了野生动物的活动空间，光污染扰乱了夜行性动物的自然习性。我们建造的混凝土结构越多，破坏的野生动物栖息地就越多。据估计，每10年就会有一片与英国面积相当的荒原因为全球的城市扩张而被摧毁。

然而，一些方法可以保证在不完全牺牲自然生态系统的情况下，建设我们的城市。一些城市开始将植物纳入城市规划。2012年新加坡开放的滨海湾花园里，有些25—50米高的钢结构"大树"，被称为"超级树"。尽管它们不是真正的树，但它们的"枝干"上生长着许多植物，它们可以为附近降温。在非洲、北美洲和欧洲的部分地区，一些公路下方正在修建动物迁徙通道，这样野生动物就可以安全穿过公路。

在寻找使用可再生能源的方法方面，城市走在前面。在大约10年前，瑞典马尔默市有了当地第一个"碳平衡社区"，这里完全由可再生能源（包括风能、太阳能和堆肥）提供动力。这里的汽车是靠电力和生物燃料运行的，这些燃料由食物垃圾而不是汽油制成。2015年，美国佛蒙特州的伯灵顿市成为美国第一个完全使用可再生能源发电的城市。

人类建造了城市，也可以选择城市影响自然的方式。通过适当的规划，我们能够保护甚至创造新的野生动物栖息地，减少城市对自然的有害影响。

人类对自然的影响

发展进步是好事，但在人口不断增多和不断发展生产，为全体人类提供充足食物的同时，我们也要注意影响自然世界的方式。通过了解我们影响自然的主要方式，我们可以更可持续地建设和耕作。

森林砍伐

世界各地的森林都遭受砍伐，用来获取木材，以及为农场、牧场、建筑物和其他发展腾出空间。这引发了许多问题，如水土流失和动物丧失栖息地。此外，我们还需要大型森林来吸收空气中的碳并制造氧气。科学家估计，大气中 15% 的过多的温室气体是过度砍伐森林导致的。当一大片森林被清除后，这一地区的降水和其他天气模式会改变。曾经被树木和其他植物吸收的水分流过地面，渗入地下，会侵蚀土地，以及造成附近河流的污染。

生物入侵

我们赖以生存的许多农作物和驯养动物来自世界各地。然而，在野外引进入侵物种会损害当地的生态系统。

有时入侵物种被带到一个新的区域，会带来意想不到的影响。例如，你的邻居可能喜欢他的宠物巨蟒，但如果它逃跑了，它会对附近的动物造成严重伤害。葛藤作为一种新的园林物种被带到美国。现在在美国南部，葛藤成为一种猖獗的杂草，它会扼杀其他植物，有时还会破坏车辆和建筑物。有时，入侵物种是偶然引入的，比如地中海实蝇，它的幼虫可以感染水果。当水果被运往世界各地时，这种讨厌的实蝇也随之而去，现在地中海实蝇正威胁着全球的农作物。

一个地方的生态系统中的动植物已经演化成只能互相竞争的物种。当一个新物种被引入时，它可能会成为一个入侵者，主宰这里的自然景观，并与当地物种争夺资源，从而破坏生态系统。

过度消耗

过度捕捞、过度狩猎和过度放牧是我们的生态系统面临的主要负担。当我们消耗自然资源的速度快于它们的补充速度时，就会出现过度消耗。有些动物，如旅鸽，就因被人们过度捕杀而灭绝。现在，我们正通过无差别捕鱼的方式大量捕捞海洋生物，这种捕捞方式会在海洋生物繁殖之前就消灭它们。大型工业渔网捕捉甚至杀死了人不吃的一些海洋生物，这就是所谓的副渔获物。我们过度使用土地畜养牲畜，过度消耗草地。如果没有足够的草根来固定土壤，土壤就会迅速被侵蚀。大型单作农场耗尽了土壤中的养分。所有这些都使植物难以生长，甚至可能导致土壤退化。大规模的耕作、捕鱼和放牧是支持人类生存的必要条件，但我们需要以可持续的方式利用资源，使它们不会被耗尽。

荒漠化

干旱或气温升高，再加上人类活动，如砍伐森林、过度放牧、土壤过度开发，都可能导致荒漠化。沙尘暴频发，干旱、贫瘠的土地上什么也不能生长。即使是最肥沃的土地也有可能变成沙漠。美国曾经历了沙漠化问题，20世纪30年代的沙尘暴就是由不合理的农业活动和过度放牧造成的。土地可以在适当的干预措施下得到恢复，比如种植或轮种适当的作物，幸运的话，土地或许会在雨季恢复。

污染

我们都看到过有人从车里向窗外扔东西，或者有人在人行道上扔垃圾。尽管这种行为让人讨厌，但污染危害最大的还是来自过量的化学物质或处理不当的化学物质。当自然存在和人类合成的化学物质被过度使用或以错误的方式处置时，它们会对我们的生态系统造成破坏。

再好的东西也不能太多。例如，磷和氮是植物生长所必需的，我们依赖包含这些营养素的肥料进行大规模的农业生产。但是当这些肥料被过度使用形成农业径流，就会污染美国密西西比盆地的地下水。这里所有的水都流入墨西哥湾，在那里过量的化学物质会导致藻类过度繁殖，耗尽水中的大部分氧气。低氧水使生物无法存活。每年，这种污染都会形成一座城市那么大的一片死亡地带，没有海洋生物可以在那里生存。

磷酸盐

生物在食物网中所处的营养级越高，体内积累的有毒物质就越多。

汞

当有毒化学物质进入生态系统时，也会造成破坏。例如，采矿和煤炭燃烧每年都会向大气中排放成吨的汞。过量的汞会对人体的神经和肾脏造成损伤。塑料和药物中的某些化学物质可以起到内分泌阻滞剂（影响激素）的作用。当它们被丢弃或被冲到下水道时，它们含有的有害化学物质会污染我们的水源，并危害鱼类和其他水生生物。

光污染和声音污染对野生生物也有负面影响。为了了解其中的原理，我们可以研究小海龟面临的一个新问题。几千年来，海龟幼体在夜晚的沙滩上孵化，依靠月光指引，游向大海。但是来自海滨城镇的明亮灯光使许多海龟幼体感到困惑，它们开始向着远离大海的灯光爬行。许多城镇在海龟的孵化季节都会采取关灯的措施，但在那些没有采取关灯措施的地方，整整几代的海龟都消失了。在动物重要的交配季节，声音污染也会使动物感到迷惑，切断它们之间的交流。甚至有一些大功率的海底声呐导致鲸类丧失听力以及在海洋中的巡游能力。

气候变化

地球气候在45亿年里发生了很大的变化。在人类还没出现之前，地球至少经历了五次冰期，并由于轨道的微小变化而变暖了。自上一次冰期以来，地球的气候处于适合人类生存的理想状态。但是现在，新的气候变化正威胁着我们的生存，这不是由于地球相对太阳位置的改变，而是人类自身的行为引起的。化石燃料的过度使用引起了气候变化，气候变化可能将摧毁我们的家园。

自工业革命以来，人类在技术上取得了巨大的进步，但我们对能源的使用也增加了。目前，人类的主要燃料来源是煤、天然气和其他化石燃料，它们通过燃烧释放能量。当化石燃料燃烧时，会迅速释放出二氧化碳和其他温室气体。碳循环是生态系统中的一个自然过程，碳有许多天然的储藏库，如森林和地下的岩石。但是，我们释放温室气体的速度比储藏库吸收的速度要快。这意味着这些温室气体在我们的大气和海洋中循环和积聚。这些温室气体包裹住地球，使太阳热量在大气中滞留更久才能散失到太空中。这些截留下的热量可能会提高全球温度。

科学家们通过观察冰芯、化石、沉积岩和树芯样本来推断过去的全球气候。在地球轨道运行的人造地球卫星和地球上复杂的科学仪器都被用来测定最近的气候变化。在过去的100年里，地球的温度升高了大约0.7摄氏度，而且大部分气候变化都发生在近几十年里。这个温度变化可能看起来很小，但长期观测的气候与每日测定的温度不同。上一次冰期时的气候与现在的气候相比，两者的温度差异还不到4摄氏度。通过近年来对气候的测定，科学家们发现了一种更长、更热的夏季模式。每年极寒的冬日越来越少，极热的天数越来越多。在近十年里，我们经历了人类历史上最热的几年。

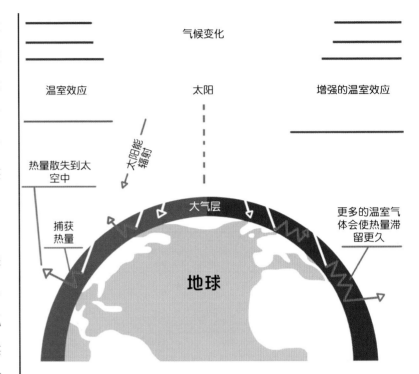

大气中的温室气体可以吸收太阳热量，使地球变暖。过量的温室气体可能使全球气温急剧上升。

温室气体包括二氧化碳、甲烷、一氧化二氮、卤代烃、臭氧和水蒸气等。

绝大多数科学家认为，气候变化是由人类活动和燃烧化石燃料引起的。随着全球气温继续急剧上升，科学家们预测，在下个世纪，自然灾害将更加频繁，地球上许多有人居住的地方，天气可能变得对人类来说过于极端，但希望还是存在的。如果人类现在共同努力，减少大气中的温室气体，就可以减缓甚至可能阻止气候变化的负面影响。通过改变我们利用资源的方式，我们可以给人类和地球更多的时间来适应不断变化的气候。

海平面上升

随着冰川和海冰的融化，更多的水流到海洋中。在过去的 20 年里，海平面以每年大约 3 毫米的速度升高。这种变化可能看起来很小，但海洋是巨大的，要使整个海洋的海平面上升约 3 毫米需要大量的水。海平面的上升已经造成侵蚀沿海城市、发生风暴潮和洪水等危害。如果这种情况继续下去，可能会导致更大的问题，甚至可能导致沿海低洼城市完全被淹没。

海洋的酸化

过量的二氧化碳除了进入海洋表层和空气，导致海洋酸度增加之外，就没有别的地方可去了。在过去的 200 年里，海洋的酸度高了约 30%，这是过去 5000 万年中变化最快的一次。许多海洋动物，包括珊瑚，都无法在这种变化中生存下去。

极端天气

更温暖的气候意味着更多的水从海洋中蒸发，形成更猛烈的暴风雨。更温暖的海洋也意味着飓风会比以前的大得多，也移动得更远。与此同时，气候变化还导致世界上的干燥地区变得更干燥，这意味着更频繁和更极端的干旱，以及更大的森林火灾。

火灾

干旱

暴风雨

极地冰盖的融化

气候变化最明显的标志之一就是极地冰盖和极地附近永久冻土的融化。我们依靠这些冰盖将来自太阳的热量反射回太空，最终使地球吸收的热量减少。海冰融化则是海平面上升的最大原因。

物种的灭绝

并非所有的动植物物种都能迅速适应自然环境的极端变化并存活下来。现在，适应寒冷气候的动物不得不继续迁徙，追寻逐渐减少的自然栖息地。有些动物，如生活在海冰上的北极熊，最终可能会完全失去它们的栖息地。沙漠地区变得越来越热，生存条件越来越严酷，随着沙尘暴的频繁发生和蒸发量的增加，沙漠动物不得不到沙漠边缘生活。全世界的动物都不得不进行迁徙，以逃避气候变化的影响。

救命！
我找不到海冰了！

保护我们的地球

真正观察和理解我们的地球是保护它的第一步。在本书中，你已经了解了世界各地的生态系统，知道了它们为什么这么重要，以及它们面临怎样的风险。你已经看到了山脉是如何与河流和海洋相互联系的，为什么森林对大气是至关重要的，以及两极地区的冰盖是如何让地球保持凉爽的。自然世界及其中的野生生物对我们而言是不可替代的。随着人类对地球的认识越来越多，我们可以开始保护它了。正如伟大的保护生物学家珍·古道尔所说："只有我们理解了，才会在乎；只有我们在乎了，才会帮助；只有我们帮助了，才能拯救所有人。"我们可以做很多事情来保护自然世界。永远不要忘记你有能力保护我们的地球。

教育

为了保护生态系统，我们需要了解生态系统是如何运作的。你可以跟你的朋友和家人分享你所学到的这方面的知识。

减少碳足迹

在日常生活中，减少化石燃料的使用。少用电，少开车，少用塑料。

▶▶▶▶▶ 做志愿者 ◀◀◀◀◀

环保组织需要你的帮助。

太阳能

风能

核能

水力发电

地热能

生物燃料

开发替代能源

为了减少温室气体的排放，我们需要改变我们使用能源的类型并使它们多样化。

种植树木

树木和森林可以吸收温室气体并产生氧气。

▶▶▶▶ 回收利用 ◀◀◀◀

不要把坏掉的东西直接扔掉，修理一下或把它们变成新的东西再次使用。

堆肥　　纸类　　塑料　　玻璃　　金属

垃圾分类回收

在你的家里实现废物回收是非常棒的，但要有更大的影响，就需要在一个更大的地方实现。协助你家的小区或你的学校建立废物回收系统，让你居住或上学的地方的每个人都来制造堆肥和回收废物。

发展可持续农业

数目庞大且不断增长的人口需要大规模的农业生产，有了生态学、生物学和经济学的知识，我们可以使大规模农业生产在给全世界带来利益的同时，不破坏环境。

受保护的海洋

国家公园

自然保护区

保护野生生物

为了保护重要的生态系统，我们必须要建立保护野生生物的自然保护区。

改变消费习惯

通常情况下，服装、电子产品和其他一些产品造出来后，达到一定的使用期限就会被扔掉和更换。这是浪费宝贵的资源。我们可以购买那些可以长期使用并能够不断维修的产品。

稳定的工作

洁净的水

粮食安全

战胜贫困

当贫困人口没有多少选择时，他们就得转向非法偷猎、树木砍伐、不可持续的农业和放牧，以及危险的采矿工作。为了自己的生计，贫困人口不得不进入这些对地球有害的行业。通过解决贫困问题，我们可以找到一种生活、生存和实现经济繁荣的方式，这种方式也不会损害我们的地球。

少吃点肉

养牲畜比种庄稼需要更多的能源和资源，减少鱼类等肉类的消费有益于整个世界。

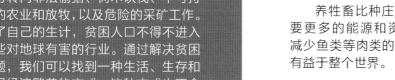

可持续捕捞

海洋生态系统对整个世界至关重要。我们应有规划地合理捕捞，停止过度捕捞。

提建议

做规划

大声呼吁

发声

走出去，表达出你希望我们的世界发生的改变。

分享

节约用水

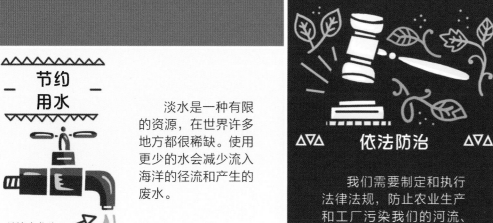

依法防治

淡水是一种有限的资源，在世界许多地方都很稀缺。使用更少的水会减少流入海洋的径流和产生的废水。

我们需要制定和执行法律法规，防止农业生产和工厂污染我们的河流、海洋和空气。

关掉水龙头

词汇表

濒危物种

在不久的将来很可能灭绝的物种。

我们的同胞剩下的不多了。

山地大猩猩

浮游植物

体内含有叶绿素或其他色素、能吸收水中营养物质进行光合作用合成有机物的浮游生物。

初级消费者

直接从植物等自养生物中获取能量和物质的动物，通常是食物网中的第二个营养级。

古菌

一大类单细胞生物，形态像细菌，但结构与细菌不同。可以在人体肠道和沼泽中找到，也可以在一些极端环境中找到，如高酸性的水中和高温的地下喷口附近。

顶级消费者

位于食物网顶端、没有捕食者可以捕食它们的一类动物。

关键种

对群落结构和功能有重要影响的物种。如果一个关键种在群落中消失，整个群落可能会有物种灭绝，发生剧烈变化。

我建造了许多动物赖以生存的水坝。

关键种

河狸

分子

能独立存在，并保持特定物质固有化学性质的最小单位，由不同数量的原子以不同方式结合而成。如碳和氧都是原子，1个碳原子和2个氧原子结合在一起，构成1个二氧化碳（CO_2）分子。

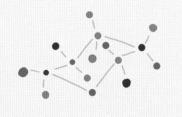

光合作用

绿色植物和蓝藻利用日光能，将二氧化碳和水转化为有机物积存在体内，并释放氧气的过程。在这个过程中产生的多余"废物"是氧气，被植物释放到大气中。

浮游动物

一大类细小的水生动物，没有或只有微弱的游动能力，主要以漂浮的方式生活。在海洋中，它们通常是食物网中的初级消费者，以浮游植物为食。

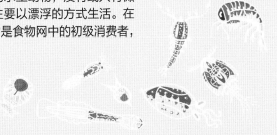

荒漠化

在干旱、半干旱、半湿润和湿润地区，由于气候变化和人为活动等各种因素造成的土地退化，从而导致土地生物和经济生产潜力下降甚至丧失的过程。干旱、不可持续的农业生产和森林砍伐，都可能导致森林和草原变成沙漠。荒漠化的最直接结果就是沙漠化。

活化石

曾繁盛于某一地质时期，种类多，分布广，后逐渐衰退并近乎绝迹，仅在当今地球的个别地区生存繁衍的古老物种。

降水量

一定时段内，降落到地面（假定无渗漏、蒸发、流失等）的降水所累积成的单位面积上的水层深度。当我们谈论一个地区是潮湿还是干燥时，我们需要描述这里的降水量。

可持续

适度使用地球资源的且不对后代构成危害的发展状态，可持续利用使我们的自然资源能够留存给下一代。

灭绝

生物的物种或更高的分类群全部消亡，不留下任何后代的现象。现在，由于气候变化、非法狩猎和栖息地丧失，许多生物面临灭绝的危险。如渡渡鸟、西非黑犀牛都已灭绝。

渡渡鸟

安息

栖息地

生物生活的场所。

气候

地球上一定区域内多年天气特征的综合概括，反映的是较长一段时间内的普遍天气状况。

气候变化

在书中主要是指从 19 世纪到现在，地球所经历的全球温度的快速上升。这是由于人类大量燃烧化石燃料，导致大气中的二氧化碳和其他温室气体增加而引发的。

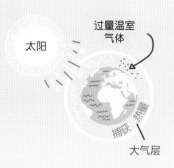

太阳　　过量温室气体

捕获　热量

大气层

侵蚀作用

风、水或其他自然力在一段时间内破坏某物的过程。例如，随着时间的推移，海浪冲击海岸会使海岸的岩石破碎。

入侵物种

从其他分布区引入后，给当地生态系统造成明显损害或影响的物种。入侵物种通常通过与其他物种竞争食物、阳光、空间等资源而损害生态系统。

这湖现在是我们的了！

斑马纹贻贝

生产者

生态系统中能通过光合作用制造有机物的绿色植物、藻类和一些光能自养及异养微生物。它们是食物网中的第一营养级。

生态过渡带

相邻两类环境或两类生态系统交错的区域。例如，森林边缘与草地交汇的空间。生态过渡带有自身的特点，对特定的动物活动和保护核心生态系统具有重要意义。

生态过渡带

生态位

生物在生态系统的物理空间和营养关系中所占的位置。生物的行为是什么？它起了什么作用？它需要什么资源来生存？这些因素决定了生物的生态位。

大耳蝠

我在夜间狩猎，吃飞蛾，和同伴住在洞穴里。

生物多样性

在一定时间和一定地区所有生物（动物、植物、微生物等）物种及其变异体、生态系统和生态过程的复杂性总称。生物多样性对生态系统的整体健康和恢复力至关重要。只有具有一定的生物多样性，生态系统才能适应变化。

生物多样性热点地区

生物多样性高度丰富并受到严重威胁的地区。通过确定这些地区，生态学家希望及时在那里进行干预，以阻止它们被进一步破坏。

保护我的家园！

生物群落

在相同时间生活在一定区域或自然生境中所有种群的集合体。

生物群系

以占优势的或主要植被类型和气候类型所确定的地理区域。生物群系由它们的平均降水量和温度来划分。例如，全年非常炎热、潮湿，长有高大的常绿树林的地区，被认为是热带雨林。

食物网

一个生物群落中许多食物链彼此相互交错联结的复杂营养关系。食物网可以告诉我们谁吃什么，谁从谁那里获得能量。

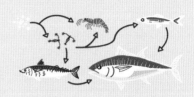

碳汇

减少温室气体（主要是二氧化碳）在大气中浓度的能力、过程、活动或机制。大森林和部分海洋被认为属于碳汇地。

二氧化碳（CO_2）

碳足迹

各组织、机构、个人以及各项活动、产品等在报告期内引起的各项温室气体排放的集合。你可以计算出你自己的碳足迹：把用来取暖、获取食物、开车、坐飞机等的燃料量加起来，就是你自己的碳足迹。

土壤退化

土壤数量减少和土壤质量降低的现象。当土地被过度使用，土壤中的营养物质被利用的速度超过了它自然补充的速度时，就会发生这种情况。它通常与过度放牧或种植单一作物有关。

温室气体

大气中能够吸收长波辐射的气体，如水汽、二氧化碳、甲烷、臭氧等。温室气体可以自然产生，也可以人为产生，是燃烧煤、石油等化石燃料的产物。人类活动引起温室气体的大量释放，从而加速了全球变暖，导致了气候变化。

CO_2

CH_4

N_2O

污染

有害因素对正常环境的干扰和致害的现象。

有机体

自然界中有生命的并能独立生存的个体，包括人、动物、植物和微生物等。

物种均匀度

一个群落中全部物种个体数目的分配状况。对了解生态系统的健康状况、争夺相同资源的生物之间的比例以及捕食者和猎物之间的比例是非常关键的。

细胞

生物体结构与功能的基本单位。它可以是一个单细胞生物，也可以构成动物和植物。

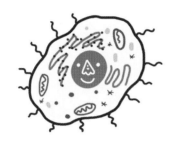

藻类

一大类没有花，没有真正的根、茎、叶的生物，包括微小的单细胞海洋藻类，也包括多细胞藻类。

细菌

微生物的一大类，是单细胞的微小原核生物。它在分解有机物以及营养物质在生态系统的循环中起着重要作用，我们的生存也离不开它。它可能有害，能引发疾病，但在制作奶酪、葡萄酒和药物时也很有用。

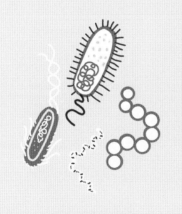

种群

同种生物在特定环境空间内和特定时间内的所有个体的集群。测定种群可了解一个地区的各种动物、植物分别有多少。

松鼠的数量

营养级

生物在生态系统食物链中所处的层次。在一个食物网中，营养级通常从生产者开始，到顶级消费者结束。营养级显示了谁吃谁，谁被谁吃。

顶级消费者

生产者　　初级消费者　　次级消费者　　三级消费者

自然演替

自然因素影响下发生的演替过程。

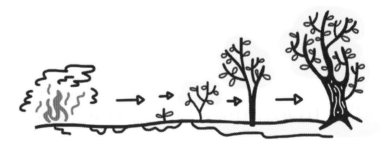

115

参考来源

在这本书的写作过程中，我阅读了书籍和科学文章，观看了纪录片和视频。我还参观了国家公园，甚至去联合国与赤道倡议的项目顾问们交谈。下面是我使用的部分资料的来源。我希望你也能花点时间来阅读、观看和了解我们美好的世界！

如需完整的参考书目，请访问我的网站：rachelignotofskydesign.com/the-wondrous-workings-of-planet-earth。

网站和机构

关键生态系统合作基金：www.cepf.net

大沼泽地国家公园（美国国家公园管理局）：www.nps.gov/ever/index.htm

红树林行动项目：mangroveactionproject.org

莫哈韦国家保护区（美国国家公园管理局）：www.nps.gov/moja/index.htm

气候变化和全球变暖（美国国家航空航天局）：climate.nasa.gov/evidence

美国国家鱼类和野生动物基金会：www.nfwf.org

美国国家海洋和大气管理局：www.noaa.gov

海洋环境保护组织（Oceana）：oceana.org

红杉国家公园和州立公园（美国国家公园管理局）：www.nps.gov/redw/index.htm

塔尔格拉斯草原国家保护区（美国国家公园管理局）：www.nps.gov/tapr/index.htm

联合国可持续发展目标：sustainabledevelopment.un.org/sdgs

美国环境保护署：www.epa.gov

联合国教科文组织世界遗产中心：whc.unesco.org

世界自然基金会：wwf.panda.org

世界野生动物基金会：www.world wildlife.org

书籍

Callenbach, Ernest. 2008. *Ecology: A Pocket Guide.* Berkeley and Los Angeles: University of California Press.

Houtman, Anne, Susan Karr, and Jeneen Interland. 2012. *Environmental Science for a Changing World.* New York: W. H. Freeman.

Woodward, Susan L. 2009. *Marine Biomes: Greenwood Guides to Biomes of the World.* London: Greenwood Press.

电影、电视栏目和纪录片

Africa. Produced by Mike Gunton and James Honeyborne. Performed by David Attenborough. BBC Natural History Unit, 2013.

Ecology-Rules for Living on Earth: Crash Course Biology. Performed by Hank Green. Crash Course Biology, October 29, 2012.

Frozen Planet. Produced by Alastair Fothergill. Performed by David Attenborough. BBC Natural History Unit, 2011.

Planet Earth II. Produced by Vanessa Berlowitz, Mike Gunton, James Brickell, and Tom Hugh-Jones. Performed by David Attenborough. BBC One, 2017.

致谢

我要向所有帮助我研究、创作这本书的人表示感谢。你们的支持对我来说意味着全部！

首先，我要感谢我杰出的编辑凯特琳·凯彻姆！她对这个项目的信心和对出版教育类书籍的热情使我的工作成为可能。非常感谢您的所有意见、支持和编辑工作！

其次，我要为我团队的其他成员和他们卓越的工作能力大声欢呼。非常感谢我一直以来时尚又出色的宣传和营销团队——丹尼尔·威基和埃林·韦尔克，把这些书推广出去！感谢克里斯季·海因的文案编辑工作和拼写检查！我的书看起来这么漂亮，这要归功于简·钦的制作技巧和我的设计师莉齐·艾伦的天才般的排版风格。

感谢我的经纪人莫妮卡·奥多姆，感谢你一直支持我，帮助我把我所有的书从幻想变成现实。

特别感谢伊娃·古里亚、马丁·佐默舒和纳塔巴拉·罗洛森在联合国大学与我会面，并与我分享他们在赤道倡议项目中的工作和故事。

感谢我亲爱的朋友，阿迪蒂亚·沃莱蒂，感谢你帮我核查相关知识并陪我在午夜散步、交谈。我爱你，我的丈夫托马斯·梅森四世。他帮助我确认知识点，负责做饭，一直给予我支持，使这本书和我的生活变得精彩。最后，感谢我的家人对我的爱和鼓励。

关于作者

瑞秋·伊格诺托夫斯基是《纽约时报》的畅销书作家和插画家。她是《无所畏惧——影响世界历史的50位女科学家》和《体育女性——50位为胜利而奋斗的无畏运动员》的作者。通过这本书，她想向读者介绍令人惊叹的自然、生态和保护地球方面的内容。她的工作受到历史和科学的启发。她认为插图是强有力的工具，可以使学习变得令人兴奋。瑞秋希望利用她的作品来传播科学教育、男女平等的理念。

桂图登字：20—2018—094

图书在版编目（CIP）数据

地球生命笔记：生态系统的奥秘 / (美) 瑞秋·伊格诺托夫斯基著；栗河冰译. —
南宁：接力出版社，2023.8
ISBN 978-7-5448-8164-7

Ⅰ.①地… Ⅱ.①瑞… ②栗… Ⅲ.①生态系−普及读物 Ⅳ.① Q14-49

中国国家版本馆 CIP 数据核字（2023）第 100333 号

责任编辑：朱露茜　　文字编辑：王雅梦　　美术编辑：王　雪
责任校对：阮　萍　　责任监制：刘　冬　　版权联络：王彦超
特约审稿：吴　岚　　肖振锋
社长：黄　俭　　总编辑：白　冰
出版发行：接力出版社　　社址：广西南宁市园湖南路9号　　邮编：530022
电话：010-65546561（发行部）　　传真：010-65545210（发行部）
http://www.jielibj.com　　E-mail: jieli@jielibook.com
经销：新华书店　　印制：北京利丰雅高长城印刷有限公司
开本：889毫米×1194毫米　1/12　　印张：10⁴₁₂　字数：165千字
版次：2023年8月第1版　　印次：2023年8月第1次印刷
定价：108.00元
审图号：GS（2023）1834号
书中插附地图系原书插附地图